Anleitung zur galvanischen und faradischen Behandlung

Für Schwestern, Krankengymnastinnen und Pfleger

Von

Professor Dr. **Friedrich Duensing**

Zweite Auflage

Mit 27 Textabbildungen

Springer-Verlag Berlin Heidelberg GmbH
1949

ISBN 978-3-540-01373-0   ISBN 978-3-642-85607-5 (eBook)
DOI 10.1007/978-3-642-85607-5

Druck der Universitätsdruckerei H. Stürtz AG., Würzburg.

Vorwort zur 2. Auflage.

Die 1. Auflage der Anleitung war für Laien geschrieben worden, denen in Lazaretten die elektrische Behandlung Nervenschußverletzter oblag und denen der Verfasser Unterricht erteilt hatte. Obgleich heute Elektrotherapie von Kräften ohne jede Vorbildung in der Anatomie und Physiologie nicht mehr ausgeübt wird, ist die leicht faßliche Darstellungsweise beibehalten worden. Durch wenige Abänderungen sowie durch Einfügung der Abschnitte 10, 11 und 21 haben wir zu erreichen versucht, daß die Anleitung jetzt die galvanische und faradische Behandlung der peripheren Lähmungen und der Poliomyelitis umfaßt.

Göttingen, im März 1949.

DUENSING.

Inhaltsverzeichnis.

Seite

1. Über den Bau des Nervensystems und die Aufgaben der peripheren Nerven 1

2. Über die Erscheinungen nach Nerventotaldurchtrennung und den Zweck der elektrischen Behandlung 3

3. Allgemeine Bemerkungen über Lage und Wirkungsweise der Muskeln 5

4. Die oberen Gliedmaßen mit ihren Knochen, Gelenken und Muskeln 7.

5. Die Nerven der oberen Gliedmaßen und die Erscheinungen bei ihrer Verletzung 9

6. Die unteren Gliedmaßen mit ihren Knochen, Gelenken und Muskeln 12

7. Die Nerven der unteren Gliedmaßen und die Erscheinungen bei ihrer Verletzung 15

8. Muskeln und Nerven am Kopf und Rumpf 16

9. Hinweise für die Feststellung der gelähmten Muskeln 17

10. Ursachen der Nervenschädigungen 18

11. Die spinale Kinderlähmung (Poliomyelitis anterior) 19

12. Über einige Grundbegriffe der Elektrizitätslehre 21

13. Die Elektrisierapparate 22

14. Die Pflege des Apparates 26

15. Über die Reizung der Nerven und Muskeln mit dem elektrischen Strom unter normalen und krankhaften Verhältnissen 27

16. Allgemeines über die Durchführung der elektrischen Behandlung 29

17. Die Behandlung mit dem galvanischen Strom:
    a) Die Behandlung der Muskeln mit galvanischer Längsdurchströmung 30
    b) Die galvanische Reizung der Muskeln an den motorischen Reizpunkten 37
    c) Die galvanische Reizung der Nerven 39
    d) Gleichzeitige galvanische Reizung der Nerven und Muskeln . 39

18. Die Behandlung mit dem faradischen Strom 46

19. Die galvano-faradische Behandlung 48

20. Die Dauerdurchströmung mit dem galvanischen Strom („Stabile Galvanisation") 49

21. Die wichtigsten Muskeln und ihre nervöse Versorgung 52

1. Über den Bau des Nervensystems und die Aufgaben der peripheren Nerven.

Unser Nervensystem besteht aus dem Gehirn, dem Rückenmark und den Nerven. Das *Gehirn* füllt das Innere des Schädels aus und ist als die Zentrale des gesamten Nervensystems zu be·trachten. Es steht an seiner Grundfläche in Verbindung mit dem *Rückenmark*, das im Wirbelkanal gut geschützt gelegen ist und bis zum ersten Lendenwirbel abwärts reicht. Aus dem Rückenmark entspringen beiderseits die Rückenmarksnerven, welche durch die Zwischenwirbellöcher den Wirbelkanal verlassen und sich dann im Bereich des Brustkorbes in *Nerven* fortsetzen, die zwischen den Rippen nach vorn bis zum Brustbein hin verlaufen. In der unteren Halsgegend entsteht aus den Rückenmarksnerven zunächst ein *Nervengeflecht*, das *Armgeflecht*, aus dem sich in der Gegend der Achselhöhle die *Nerven für den Arm* abzweigen. Ebenso bilden die aus dem unteren Rückenmarksabschnitt entspringenden Nerven seitlich der Lendenwirbelsäule und an der hinteren Beckenwand ein *Geflecht*, aus dem die *Nerven für das Bein* hervorgehen.

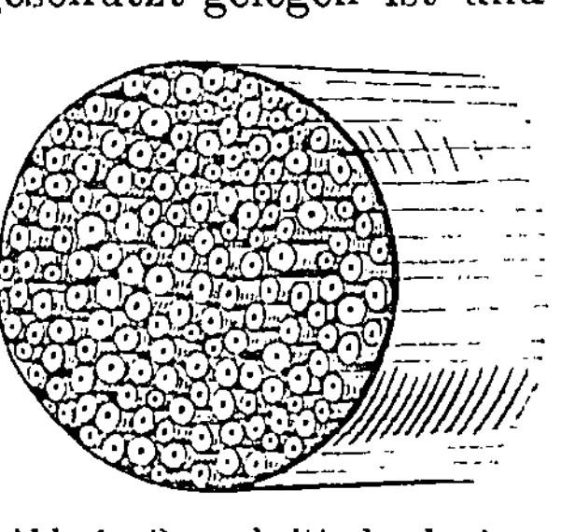

Abb. 1. Querschnitt durch einen Nerven, stark vergrößert und vereinfacht. Jede einzelne Nervenfaser besteht aus einer leitenden Achse und einer isolierenden Hülle. In Wirklichkeit enthalten unsere Nerven viel mehr Fasern als in Abb. 1 eingezeichnet worden sind. Ein mittelkräftiger Nerv, wie z. B. der Medianus, ist etwa so dick wie ein Bleistift.

Die Nerven, weiße Stränge von sehr verschiedener Dicke, splittern sich nach den Enden der Gliedmaßen zu in immer feinere *Äste* auf, die an den Muskeln, in der Haut, an den Blutgefäßen und anderen Bestandteilen des Körpers endigen. Betrachtet man den Querschnitt eines Nerven unter einer stark vergrößernden Lupe (Mikroskop), dann erkennt man, daß er sich aus einer großen Anzahl von einzelnen Leitungen, den *Nervenfasern* zusammensetzt (s. Abb. 1). Ein Nerv ist also nicht zu vergleichen mit einem *einzelnen* elektrischen Draht, sondern mit einem aus vielen Adern bestehenden Fernsprechkabel; von den zahlreichen Fasern, die jeder Nerv enthält, leitet ein Teil vom Rückenmark zu den Muskeln und anderen Erfolgsorganen hin, ein anderer Teil in umgekehrter Richtung. Unsere Muskeln erhalten vom Gehirn her den Befehl, sich zusammenzuziehen. Wenn man beispielsweise willkürlich den Zeigefinger krümmt, läuft eine elektrische Welle[1], die von einer genau bekannten Stelle der *Hirnrinde* abgesandt wird, in einer bestimmten *Nervenbahn* durch das Gehirn und das Rückenmark nach abwärts, dann durch das Armgeflecht und zuletzt auf dem Wege über die „motorischen" Fasern eines *Nerven* (des Medianus) bis zu jenem Muskel am Unterarm, der den Zeigefinger beugt. In umgekehrter Rich-

tung leiten die „sensiblen" Fasern desselben Nerven: Wenn wir uns beispielsweise mit einer Nadel in den Zeigefinger stechen, dann läuft von den feinen Nervenendigungen in der Haut her eine elektrische Welle[1] durch den N. medianus zum Rükkenmark hin und in diesem aufwärts bis zum

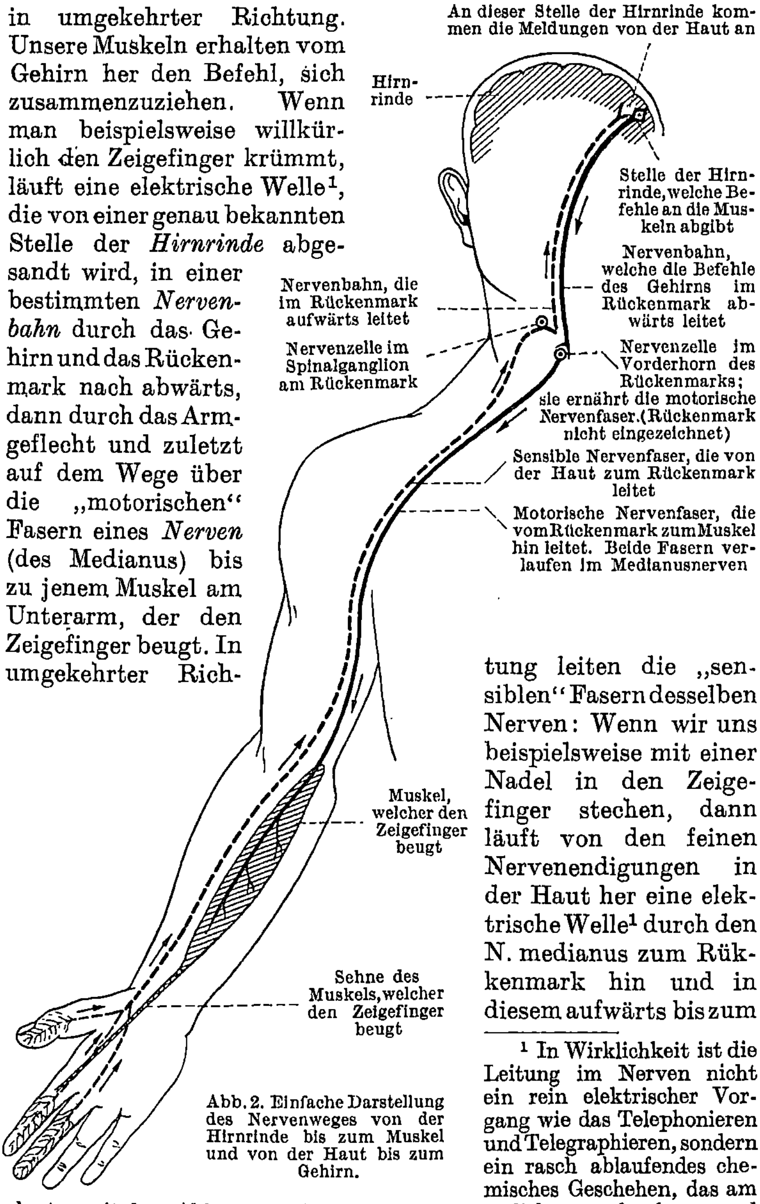

Hirnrinde

An dieser Stelle der Hirnrinde kommen die Meldungen von der Haut an

Stelle der Hirnrinde, welche Befehle an die Muskeln abgibt

Nervenbahn, welche die Befehle des Gehirns im Rückenmark abwärts leitet

Nervenbahn, die im Rückenmark aufwärts leitet

Nervenzelle im Spinalganglion am Rückenmark

Nervenzelle im Vorderhorn des Rückenmarks; sie ernährt die motorische Nervenfaser.(Rückenmark nicht eingezeichnet)

Sensible Nervenfaser, die von der Haut zum Rückenmark leitet

Motorische Nervenfaser, die vom Rückenmark zum Muskel hin leitet. Beide Fasern verlaufen im Medianusnerven

Muskel, welcher den Zeigefinger beugt

Sehne des Muskels, welcher den Zeigefinger beugt

Abb. 2. Einfache Darstellung des Nervenweges von der Hirnrinde bis zum Muskel und von der Haut bis zum Gehirn.

[1] In Wirklichkeit ist die Leitung im Nerven nicht ein rein elektrischer Vorgang wie das Telephonieren und Telegraphieren, sondern ein rasch ablaufendes chemisches Geschehen, das am ehesten mit dem Abbrennen einer Zündschnur verglichen werden kann, und das von elektrischen Erscheinungen begleitet bzw. unterstützt wird.

Gehirn (s. Abb. 2). Erst in der Hirnrinde kommt die Empfindung des Schmerzes zustande. Ebenso wird auf dem Wege
über die Nerven dem Gehirn jede Berührung unserer Haut und
jede Einwirkung von Wärme und Kälte gemeldet. Das Gehirn
kann dann durch seine Befehle an die Muskeln Abwehrmaßnahmen veranlassen.

Der Nervenweg von der Hirnrinde bis zum Muskel setzt sich
aus 2 Teilstrecken zusammen, von denen jede aus einer Nervenzelle nebst Fortsatz (= „Neuron") besteht: Den Anfang bilden
Nervenzellen in der vorderen Zentralwindung; deren Fortsätze
(Neuriten) laufen in der *Pyramidenbahn* durch die weiße Substanz
des Gehirnes, den Hirnstamm, kreuzen im verlängerten Mark auf
die andere Seite hinüber, gelangen in den Seitenstrang des
Rückenmarks, um schließlich mit den Vorderhornzellen in der
grauen Rückenmarkssubstanz Kontakt zu gewinnen. Die Unterbrechung oder Schädigung der Pyramidenbahn hat Lähmungen
mit erhöhter Muskelspannung, also von *spastischem* Charakter
zur Folge. Die zweite Teilstrecke beginnt mit den Vorderhornzellen; deren Fortsätze bilden die motorischen Fasern der peripheren Nerven und endigen in der Muskulatur.

Für die elektrische Behandlung kommen die spastischen
Lähmungen nur in Ausnahmefällen, in erster Linie dagegen die
Lähmungen infolge Unterbrechung dieser zweiten Teilstrecke,
des „peripheren motorischen Neurons" in Frage.

2. Über die Erscheinungen nach Nerventotaldurchtrennung und den Zweck der elektrischen Behandlung.

Was nach Unterbrechung eines Nerven, etwa infolge einer
Schußverletzung geschieht, ist nicht schwer zu verstehen: Die
Befehle, die das Gehirn an jene Muskeln aussendet, an denen
der betreffende Nerv endigt, bleiben an der Stelle der Verletzung
stecken; diese Muskeln können sich deshalb nicht mehr zusammenziehen, sind *gelähmt*. Sie magern außerdem zumeist erheblich
ab („Atrophie"), einmal auf Grund der Untätigkeit, vor allem aber
auch deshalb, weil die Verbindung mit den Nervenzellen im
Rückenmark (s. Abb. 2) unterbrochen ist, von denen normalerweise dauernd den Muskeln ein Kräftestrom zufließt. Ferner
können von jenem Hautgebiet her, das mit dem durchtrennten
Nerven in Verbindung steht, dem Gehirn keine Meldungen mehr
erstattet werden; in diesem Bereich hat der Verletzte ein „taubes
Gefühl", d. h. keine oder nur geringe Empfindungen für Berührung, Schmerz, Wärme und Kälte. In dem Hautgebiet mit

gestörter Empfindung (= Sensibilität) kann er sich deshalb leicht Verletzungen oder auch Verbrennungen zuziehen, ohne es zu merken.

Vielfach beobachtet man außerdem, daß der Körperteil, an welchem Nerven verletzt sind, leicht kalt wird und sich rötlich-blau färbt. Hier handelt es sich um Störungen der Blutversorgung auf Grund der Durchtrennung von Nervenfasern, welche die Weite der Blutgefäße regeln. Ferner ist manchmal in dem empfindungslosen Hautbezirk das Schwitzen aufgehoben, die Nägel wachsen gelegentlich weniger und die Haut kann übermäßig verhornen. Letztlich steht eben die Tätigkeit und das Wachstum jedes Körperbestandteiles unter dem Einfluß des Nervensystems.

Von all diesen Erscheinungen stört die Lähmung der Muskeln den Verletzten zweifellos am meisten.

Wenn ein Nerv durchschossen oder anderweitig durchtrennt worden ist, geht er *von der Verletzungsstelle an abwärts zugrunde.* Die Nervenfasern sind nämlich nur dann lebensfähig, wenn sie mit ihren im Rückenmark gelegenen Nervenzellen, deren Fortsätze sie sind und von denen sie dauernd ernährt werden, in Verbindung stehen (s. Abb. 2). Ein durchschossener Nerv kann also an der Stelle der Verletzung leider nicht wieder zusammenwachsen wie ein gebrochener Knochen, der ja in wenigen Wochen wieder anzuheilen pflegt; sondern von dem mit dem Rückenmark noch im Zusammenhang stehenden Nervenstück her muß *der gesamte abgestorbene Nervenabschnitt neu gebildet werden.* Es sproßt also der Nerv an der Stelle der Verletzung neu aus.

Die Nervenfasern wachsen dabei in den abgestorbenen Nervenabschnitt hinein, der ihnen gleichsam den richtigen Weg weist. Entstand aber an der Stelle der Verletzung eine erhebliche Lücke im Nerven, dann erreichen die aussprossenden Nervenfasern das abgestorbene Nervenstück oft nicht, und die Muskeln bleiben gelähmt. In diesem Falle nimmt man eine *Nervenoperation* vor, bei welcher oberes und unteres Ende des Nerven an der Stelle der Verletzung aufgesucht und miteinander vernäht werden. So wird erreicht, daß die dann nochmals auswachsenden Nervenfasern den richtigen Weg nehmen, indem sie den abgestorbenen Nervenabschnitt als „Leitschiene" benutzen. Manchmal genügt es allerdings, bei der Operation den verletzten Nerven aus Narben, die ihn einschnüren, zu befreien.

Das Wachstum der Nervenfasern geht aber nur sehr langsam vor sich, und daher kommt es, daß bei Nervenverletzungen die Wiederherstellung sehr lange, viele Monate, ja sogar einige Jahre dauern kann. Die Muskeln sind erst dann wieder zu bewegen, wenn die aussprossenden Nervenfasern sie erreicht haben. Wurde ein Nerv bei der Verletzung nicht durchtrennt, sondern nur gequetscht oder beschädigt, dann kann die Wiederherstellung allerdings in kürzerer Zeit, etwa in einigen Wochen oder Monaten erfolgen. Wichtigste *Aufgabe der elektrischen Behandlung* ist es nun, in jener oft langen Zeit, in welcher der Verletzte seine

Muskeln *nicht* bewegen kann, dieselben *durch elektrischen Strom zur Tätigkeit zu zwingen*, täglich zu trainieren und dadurch den Muskelschwund zu bekämpfen. Wir wollen erreichen, daß der Nerv, wenn er die zugrunde gegangene Strecke wieder durchwachsen hat, einen noch einigermaßen kräftigen Muskel vorfindet. Denn die Wiederherstellung des Nerven würde nutzlos sein, wenn die Muskulatur in der Zwischenzeit völlig zugrunde ginge. Die *Übung der Muskeln* ist also die wesentlichste Aufgabe der elektrischen Behandlung; möglicherweise wird außerdem durch das Elektrisieren das Wachstum des sich neubildenden Nervenstückes beschleunigt.

3. Allgemeine Bemerkungen über Lage und Wirkungsweise der Muskeln.

Wir sehen also, daß bei den Nervenschußverletzungen hauptsächlich die *Muskeln* zu behandeln sind, deren Lage und Wirkungsweise deshalb bekannt sein müssen. Die Zahl der Muskeln des menschlichen Körpers ist allerdings so groß — es sind etwa 400 —, daß viel Mühe dazu gehört, sie sich alle mit ihren lateinischen Namen und ihren vielfältigen Wirkungen zu merken. Glücklicherweise sind aber meist mehrere Muskeln mit gleichen oder ähnlichen Aufgaben zu *Muskelgruppen* zusammengefaßt, mit denen auch der Nichtarzt vertraut werden kann. Zunächst machen wir uns ganz allgemein die Wirkungsweise unserer Muskeln klar, die bekanntlich die Fähigkeit haben, sich ohne vorangehende Dehnung aus dem Ruhezustande heraus zu *verkürzen*. Wie das möglich ist, hat die Wissenschaft durchaus noch nicht restlos aufklären können. Der zusammengezogene Muskel fühlt sich hart an und seine Umrisse werden deutlicher durch die Haut hindurch sichtbar als im Ruhezustande. Durch die *Verkürzung* kann natürlich nur deshalb eine *Bewegung* entstehen, weil der Muskel, meist durch Vermittlung von *Sehnen*, an zwei *verschiedenen*, durch ein Gelenk miteinander verbundenen *Knochen* befestigt ist[1]. Die Beugebewegung des Unterarmes wird beispielsweise ermöglicht durch einen Muskel, der den *Oberarmknochen* mit einem der beiden *Unterarmknochen* verbindet (s. Abb. 3). Sehr wichtig ist es nun, die Tatsache zu beachten, daß jene *Muskeln*, *welche den Unterarm beugen*, sich nicht etwa zwischen der Mitte

---

[1] Zahlreiche Muskeln überspringen zwei oder sogar mehrere Gelenke, doch wollen wir auf diese etwas schwierigen Verhältnisse nicht näher eingehen, sondern nur jenen einfachen Vorgang betrachten, wie ein Muskel ein Gelenk bewegt.

des Oberarmes und Unterarmes ausspannen — denn dann würde ja die Gegend des Ellenbogengelenkes plump und unförmig sein —, sondern an der Vorderseite des *Oberarmes gelegen* sind (s. Abb. 3). Nur ihre Sehnen ziehen über das Ellenbogengelenk hinweg und setzen an Elle und Speiche an. Und so befinden sich, von wenigen Ausnahmen abgesehen, durchweg unsere Muskeln nicht an dem

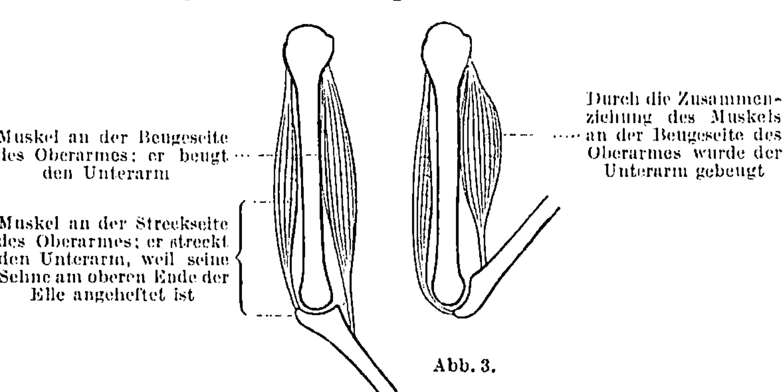

Abb. 3.

Körperteil, der bewegt wird, sondern am *nächsthöheren, rumpf-näher gelegenen Gliedabschnitt.* Wir merken uns:

Die Muskeln, welche den Oberarm bewegen, liegen an der Schulter und am
„   „   „   „ Unterarm   „   „ am Oberarm, [Brustkorb,
„   „   „   die Hand   „   „ am Unterarm,
„   „   „   „ Finger   „   „ an der Mittelhand,
ja zum Teil noch einen Körperteil höher, nämlich am Unterarm.
Die Muskeln, welche den Oberschenkel bewegen, liegen in und am Becken,
„   „   „   „ Unterschenkel   „   „ am Oberschenkel,
„   „   „   „ Fuß   „   „ „ Unterschenkel,
„   „   „   die Zehen   „   „ „ Mittelfuß,
ja größtenteils noch höher, also am Unterschenkel.

Nun vermögen wir unsere Gliedmaßen nicht nur in einer Richtung zu bewegen, sondern mindestens nach zwei entgegengesetzten, oft sogar nach vielen Seiten. Der Unterarm kann bekanntlich nicht nur gebeugt, sondern auch gestreckt werden. Das ist deshalb möglich, weil der erwähnten Muskelgruppe an der Vorderseite des Oberarmes eine weitere an der Rückseite des Oberarmes gegenüberliegt, deren Sehne sich an der Rückseite der Elle, und zwar am Ellenbogen anheftet (s. Abb. 3). Wenn diese Muskelgruppe sich zusammenzieht, wird der Unterarm gestreckt. In ähnlicher Weise können wir an jedem Körperabschnitt mindestens zwei Muskelgruppen unterscheiden, nämlich eine, die den nächstunteren Gliedabschnitt *beugt,* und eine weitere, meist

gegenüberliegende, die ihn *streckt.* Immer liegt natürlich der
Muskel, der beugt, an der *Beugeseite,* und der Muskel, der streckt,
an der *Streckseite* des betreffenden Körperteiles. Man beachte,
daß beim stehenden Menschen, der seine Handflächen — wie in
Abb. 17, S. 32 — nach vorn gedreht hat, Beugeseite des Oberarmes, Unterarmes und der Hand nach *vorn* sehen, *Beugeseite des
Oberschenkels und Unterschenkels dagegen hinten liegen,* während
die Fußsohle mit der Beugeseite des Fußes gleichbedeutend ist
(s. Abb. 18).

4. Die oberen Gliedmaßen mit ihren Knochen, Gelenken und Muskeln.

Schlüsselbein und *Schulterblatt* bilden zusammen den *Schultergürtel.* Auf dem Schulterblatt springt die *Schultergräte* vor, so
daß ober- und unterhalb derselben zwei Gruben entstehen, die
beim gesunden Menschen mit Muskulatur ausgefüllt sind.
Im Oberarm befindet sich der *Oberarmknochen;* sein oberes
Ende, der kugelig geformte Kopf, liegt in einer flachen Pfanne
an der Außenseite des Schulterblattes. Das untere Ende des
Oberarmknochens bildet nach innen zu einen kleinen Vorsprung
(Musikantenknochen), den man an der Innenseite desEllenbogen-
gelenkes deutlich fühlen kann und hinter welchem der Ellennerv
verläuft. Im *Unterarm* liegen zwei Knochen, nämlich an der
Kleinfingerseite die *Elle* (Ulna) und an der Daumenseite die
Speiche (Radius). Das obere Ende der Elle heißt Ellenbogen
(Olecranon); *eine* Kante der Elle kann man ihrer ganzen Länge
nach durch die Haut hindurchtasten; sie bildet, wie wir noch
sehen werden, die eine Grenze zwischen Beuge- und Streckmuskeln des Unterarmes. An das untere Ende von Elle und
Speiche schließen sich die kleinen, würfelförmigen *Handwurzel-
knochen* an, auf diese folgen die wie Stäbchen geformten *Mittel-
handknochen,* und schließlich die kleinen Knochen in den einzelnen
Fingergliedern.
Die *Gelenke* der oberen Gliedmaßen: Schultergelenk, Ellenbogengelenk, Handgelenk, Fingergelenke wird jeder kennen. Jeder
Finger hat drei Gelenke, die Grundgelenk, Mittelgelenk und Endgelenk heißen. Der Daumen besitzt nur zwei Gelenke.
Wir besprechen nun die Muskeln der oberen Gliedmaßen.
a) Der **Schultergürtel** ist, wenn auch nur in beschränktem
Umfange, gegenüber dem Brustkorb beweglich. Wir können beispielsweise die Schultern hochziehen, gleichsam den Kopf zwischen
den Schultern verstecken. Diese Bewegung geschieht durch den

oberen Abschnitt des Trapezius, eines großen, flachen, unmittelbar unter der Haut des Nackens und Rückens gelegenen Muskels, der die Form eines Papierdrachens oder Trapezes hat (s. Abb. 21, $_1$, auf S. 41). Der mittlere Abschnitt dieses Muskels nähert beide Schulterblätter der Wirbelsäule, er tritt also in Aktion, wenn man die Brust heraus nimmt. Der sehr versteckt unter dem Schulterblatt gelegene „Sägemuskel" (Serratus), der mit einzelnen Zacken unterhalb der Achselhöhle an den Rippen entspringt (s. Abb. 20, $_4$), hat die Aufgabe, das Schulterblatt an den Brustkorb anzudrücken. Wenn er gelähmt ist („Serratuslähmung") und die Arme waagerecht nach vorn gehoben werden, dann steht der untere Winkel des Schulterblattes (s. Abb. 21, $_4$) flügelförmig ab.

b) **Muskeln, die den Oberarm bewegen.** Die Wölbung der Schulter wird vom *Deltamuskel* gebildet (s. Abb. 21—23); der Oberarm wird durch seinen vorderen Abschnitt nach vorn, durch den seitlichen Abschnitt seitlich und durch den hinteren Abschnitt dieses Muskels nach hinten gehoben. Das Andrücken des Oberarmes an den Brustkorb geschieht durch den *großen Brustmuskel*, der im übrigen gleichzeitig den Oberarm einwärts drehen kann (s. Abb. 20, $_1$ und 22, $_{17}$). Der breiteste *Rückenmuskel*, der die hintere Achselfalte bilden hilft (s. Abb. 20, $_3$ und 23, $_4$), dreht den Oberarm ebenfalls einwärts und bewegt ihn nach hinten. Die Auswärtsdrehung des Oberarmes ermöglichen die beiden oberhalb und unterhalb der Schultergräte gelegenen Muskeln, deren Schwund durch das Hervortreten der Schultergräte sehr leicht zu erkennen ist.

c) **Muskeln, die den Unterarm bewegen.** Die *Beugung* des Unterarmes geschieht durch die Muskeln an der Vorderseite des Oberarmes; der bekannteste von ihnen ist der *Biceps* (= zweiköpfiger Muskel; s. Abb. 22, $_{5\ u.\ 6}$), der sich bei muskelkräftigen Menschen sehr schön vorzuwölben pflegt. Die *Streckung* des Unterarmes bewirkt der dreiköpfige Muskel *(Triceps)* an der Rückseite (*Streckseite*) des Oberarmes (s. Abb. 23, $_{5,\ 16\ u.\ 17}$).

d) **Muskeln, die die Hand bewegen.** Die Muskeln, die die Hand *beugen*, liegen an der *Beugeseite* und Innenseite des Unterarmes. Die *Streckbewegung* der Hand (Bewegung handrückenwärts) kommt dagegen durch Muskeln an der *Streckseite* und Außenseite des Unterarmes zustande. Wir können die Hand aber nicht nur beugen und strecken, sondern auch *drehen*, und zwar 1. so, daß die Hohlhand nach oben sieht (Auswärtsdrehung, Supination), und 2. derart, daß der Handrücken oben liegt (Einwärtswendung, Pronation). Die Muskeln, die diese Bewegungen ausführen, werden bei der Besprechung der Abb. 22 und 23 erwähnt.

Beuge- und Streckmuskeln sind am Unterarm nicht so eindeutig voneinander geschieden wie am Oberarm, wo, wie wir gesehen haben, die Beugemuskeln vorn und die Streckmuskeln an der Rückseite liegen. Will man die *Streckmuskeln* des Unterarmes behandeln, dann dreht man die Hand immer so, daß der *Handrücken* oben liegt. Jene Muskeln, die man dann bei der Betrachtung von oben und außen zu Gesicht bekommt (s. Abb. 5), sind diejenigen, welche die Hand und die Finger im Grundgelenk strecken.

Zur Behandlung der *Beugemuskeln* des Unterarmes wird die Hand so gehalten, daß der *Handteller* nach oben sieht. Die einwärts von der Ellenbeuge, also an der *Innenseite* des Unterarms gelegenen Muskeln beugen die Hand und die Finger in allen Gelenken. Die Elle bildet an der Rückseite des Unterarmes die Grenze zwischen den beiden Muskelgruppen.

e) Muskeln für die Fingerbewegungen. Die *Beugung* der Finger in sämtlichen Gelenken geschieht ebenfalls durch Muskeln an der Beugeseite des Unterarmes, die *Streckung* der Finger durch Muskeln an der Streckseite des Unterarmes.

Das *Spreizen* und Aneinanderlegen der Finger bewerkstelligen die *Muskeln zwischen den Mittelhandknochen*, die außerdem die Streckung der Finger im Mittel- und Endgelenk unterstützen. Die Muskeln des *Daumenballens* bewegen den Daumen, die des *Kleinfingerballens* den kleinen Finger nach verschiedenen Richtungen.

5. Die Nerven der oberen Gliedmaßen und die Erscheinungen bei ihrer Verletzung.

Bei den Verletzungen der Hals- und Schultergegend kann das Armgeflecht völlig durchtrennt werden, so daß sämtliche Muskeln eines Armes gelähmt sind (*vollständige „Plexuslähmung"*). Ist nur der obere Teil des Armgeflechtes zerstört, dann sind nur Deltamuskel, die Muskeln ober- und unterhalb der Schultergräte sowie die Muskeln an der Beugeseite des Oberarmes gelähmt (sog. *„obere Plexuslähmung"*, s. Abb. 4). Es kann auch der untere Teil des Armgeflechtes betroffen sein, so daß nur die Muskeln des Unterarmes und der Hand stillgelegt sind (*„untere Plexuslähmung"*). Und schließlich kommt es vor, daß bei den Plexusschädigungen gelähmte und nichtgelähmte Muskeln in buntem Durcheinander abwechseln.

Von den Nerven des Armes selbst wollen wir nur die drei wichtigsten, den Radialis, Medianus und Ulnaris kennenlernen. Dem *N. radialis* (= Speichennerven) sind alle Muskeln an der Streckseite des Oberarmes und Unterarmes unterstellt. Die Radialislähmung erkennt man in der Regel sofort an der *Fallhand* (Abb. 5). Die Streckung der Hand und der Finger im Grundgelenk ist nicht möglich und der Daumen kann nicht handrückenwärts bewegt werden. Die Streckbewegung des Unterarmes ist nur dann aufgehoben, wenn der N. radialis sehr hoch, in der Gegend der Achselhöhle, unterbrochen wurde.

Abb. 4. Obere.Plexuslähmung links. Deltamuskel und die Muskeln an der Beugeseite des linken Oberarmes sind deutlich zurückgegangen. (Man vergleiche gesunde und kranke Seite miteinander!) Der Verletzte kann im Schultergelenk keine Bewegungen ausführen und den Unterarm nicht beugen. (Nach SCHELLER: Handbuch der inneren Medizin, 3. Aufl., Bd. V/2.)

Der N. *medianus* (Mittelnerv) endet an jenen Muskeln, die den Daumen und Zeigefinger beugen, häufig ist er außerdem für die Beugung des 3. Fingers mit zuständig; und schließlich versorgt er einen Teil der Muskeln des Daumenballens, der bei der Medianuslähmung oft abmagert. Bei dem Versuch, eine Faust zu machen, bleiben bei der Medianuslähmung Daumen und Zeigefinger gestreckt, so daß das Bild einer „*Schwurhand*" entsteht (s. Abb. 6). Die Gegenstellung des Daumens ist meist gestört.

Der N. *ulnaris* (Ellennerv) versorgt am Unterarm jene Muskeln, die den 4. und 5. Finger — manchmal auch den 3. Finger — im Endgelenk beugen. Von ihm hängen außerdem fast alle *an der Hand gelegenen Muskeln* ab, also die Muskeln des Kleinfingerballens, die Zwischenknochenmuskeln und jene Daumenballenmuskeln, die der Medianusnerv nicht versorgt (Daumenanzieher). Die Erscheinungen der Ulnarislähmung sind also folgende: 4. und 5. Finger können nicht völlig gebeugt werden; alle Finger sind im 2. und 3. Gelenk nicht vollständig zu strecken und weder zu spreizen noch aneinander zu legen. Schließlich werden Daumen und kleiner Finger nur unvollkommen einander genähert. Weil die Finger in den letzten beiden Gelenken nur mangelhaft gestreckt werden können, stehen sie oft in Krallenstellung *(Krallenhand)* (s. Abb. 7).

Abb. 5. „Fallhand" bei Radialislähmung. Es ist dem Verletzten nicht möglich, die Hand und die Finger im Grundgelenk zu strecken. (Nach FOERSTER: Handbuch der Neurologie, Bd. III.)

Abb. 6. „Schwurhand" infolge Medianuslähmung. Daumen und Zeigefinger können nicht gebeugt werden. die Beugung des 3. Fingers gelingt nicht vollständig. (Nach FOERSTER: Handbuch der Neurologie, Bd. III.)

Abb. 7. „Krallenhand" auf Grund einer Ulnarislähmung. (Nach FOERSTER: Handbuch der Neurologie, Bd. III.)

Die Beugung der Hand kommt einmal durch jene Muskeln zustande, welche die Finger zur Faust einschlagen, außerdem noch durch zwei besondere Muskeln: Der eine, an der Speichenseite des Unterarmes gelegen, (speichenwärtiger Beuger der Hand), ist dem N. medianus unterstellt; der andere liegt an der Ellenseite des Unterarmes (ellenwärtiger Handbeuger) und wird vom Ellennerven versorgt.

Nicht selten sind N. medianus und ulnaris gleichzeitig verletzt. Dann können Hand und Finger überhaupt nicht gebeugt werden, außerdem sind sämtliche kleinen Handmuskeln gelähmt.

In welchen Hautgebieten an der Hand bei der Schädigung der drei besprochenen Nerven Empfindungsstörungen auftreten, geht aus Abb. 8 hervor.

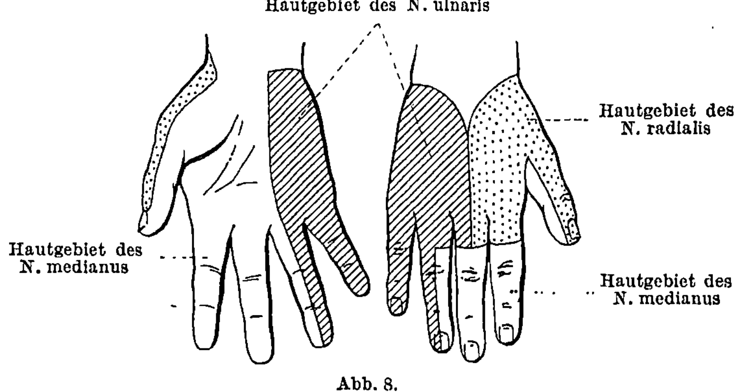

Abb. 8.

6. Die unteren Gliedmaßen mit ihren Knochen, Gelenken und Muskeln.

Dem Schultergürtel entspricht das mit der Wirbelsäule fest verbundene *Becken*, von dem man einzelne Teile, z. B. in der Hüftgegend den oberen Rand des Darmbeines sowie — etwas einwärts von der Gesäßbacke — das Sitzbein, durchtasten kann. Stütze des Oberschenkels ist der kräftige *Oberschenkelknochen*; sein *Kopf* liegt in einer tiefen *Pfanne* an der Außen- und Unterseite des Beckens. Im Unterschenkel liegen zwei Knochen, *Schienbein* und *Wadenbein*. Das Schienbein kann man an der Vorderseite und Innenseite des Unterschenkels dicht unter der Haut tasten. Das Wadenbein liegt, größtenteils unter Mukeln verborgen, außen vom Schienbein. Gut zu tasten ist sein oberes, verdicktes Ende, das *Wadenbeinköpfchen*, und sein unteres Ende, der *äußere Knöchel*. Im Fuß liegen die *Fußwurzelknochen* (zu denen Sprungbein und Fersenbein gehören) und die *Mittelfußknochen*, an welche sich die kleinen Knochen der Zehen anschließen.

Die *Gelenke* der unteren Gliedmaßen sind jedem Laien ihrem Namen nach bekannt. Das Hüftgelenk ist seiner Bauart nach ebenso wie das Schultergelenk ein Kugelgelenk. Kniegelenk und Fußgelenk sind Scharniergelenke. Am Fußgelenk hat man zwischen dem oberen Sprunggelenk, in welchem der Fuß gebeugt und gestreckt wird, und dem unteren Sprunggelenk, in welchem abwechselnd äußerer und innerer Fußrand gehoben werden können, zu unterscheiden.

Wir besprechen nun die Muskeln an den unteren Gliedmaßen:

a) Muskeln, die den Oberschenkel bewegen. Im Hüftgelenk können wir in sehr vielen Richtungen Bewegungen ausführen. Der Oberschenkel wird *gebeugt* (bei Rückenlage angehoben, beim stehenden Menschen nach vorn bewegt) durch Muskeln, die innen im Becken — sowie seitlich an der Lendenwirbelsäule — entspringen und sich mit ihrer Sehne an der Vorderseite des Oberschenkelknochens nur wenig unterhalb des Hüftgelenkes anheften, die also zum größten Teil verborgen sind. Die entgegengesetzte Bewegung (Rückwärtsbewegung des Oberschenkels beim stehenden Menschen), also die *Streckung im Hüftgelenk*, führen die *Gesäßmuskeln* aus, die z. B. dann in Tätigkeit zu treten haben, wenn wir von einem Stuhl aufstehen. Das *Abspreizen* des Oberschenkels bewirken seitlich unterhalb des Hüftknochens gelegene Muskeln; und das *Andrücken* der Oberschenkel aneinander geschieht durch Muskeln an der Innenseite des Oberschenkels, die am Becken entspringen, und sich an der Innenseite des Oberschenkelknochens festheften (Adductoren). Beim Reiten werden diese Muskeln besonders stark in Anspruch genommen. Daß der Oberschenkel auch einwärts und auswärts gedreht werden kann, sei nur kurz erwähnt.

b) Muskeln, die den Unterschenkel bewegen. Die *Streckung* des Unterschenkels geschieht durch einen kräftigen, vierköpfigen Muskel an der Vorderseite des Oberschenkels (*Quadriceps femoris*), dessen Sehne über die Kniescheibe hinwegzieht und oben am Schienbein ansetzt (s. Abb. 9). Die Kniescheibe dient gleichsam als Rolle für die Sehne und trägt wesentlich dazu bei, daß die Kraft dieses Muskels besser zur Geltung kommen kann. Alle Muskeln an der *Rückseite* (Beugeseite) des Oberschenkels *beugen* den Unterschenkel; ihre Sehnen kann man sehr gut innen und außen von der Kniekehle tasten.

c) Muskeln, die den Fuß bewegen. Die *Hebung* der Fußspitze und der Zehen geschieht durch Muskeln an der Vorder- und Außenseite des Unterschenkels, also durch jene Muskelgruppe, die sich außen an die Schienbeinkante anschließt (s. Abb. 11). Die

Wadenmuskeln beugen den Fuß und die Zehen, senken also die Fußspitze (s. Abb. 10); sie ermöglichen es, daß man sich auf die Zehen stellen kann.

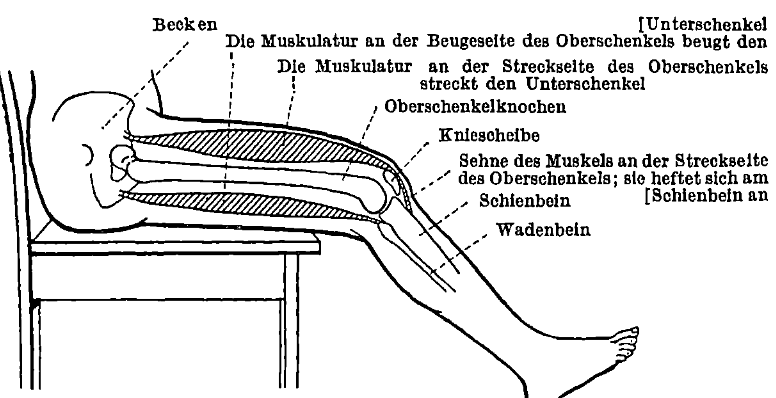

Abb. 9. Rechtes Bein, von der Außenseite her betrachtet.

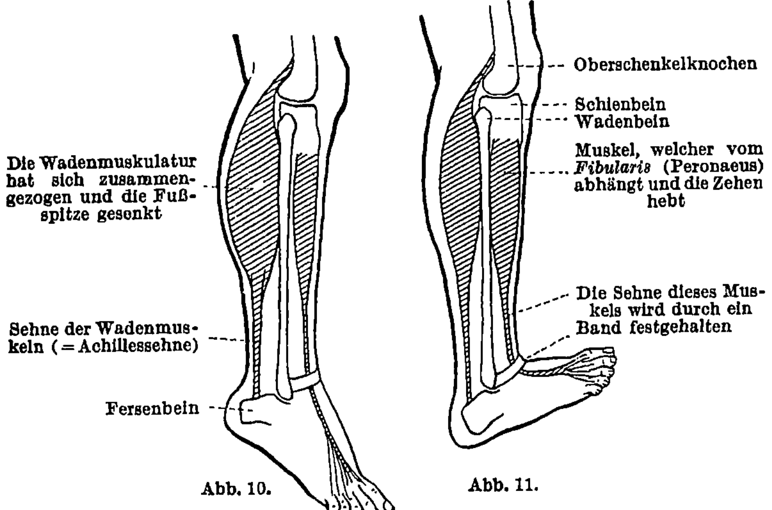

Abb. 10 u. 11. Rechter Unterschenkel von der Außenseite her betrachtet.

d) Schließlich gibt es noch *kurze* Muskeln auf dem Fußrücken, welche die *Zehen* heben (strecken), und an der Fußsohle kurze Zehenbeuger.

7. Die Nerven der unteren Gliedmaßen und die Erscheinungen bei ihrer Verletzung.

Alle Muskeln, die den Oberschenkel nach verschiedenen Richtungen bewegen, werden zum großen Teil durch Nervenäste versorgt, die unmittelbar aus dem Beingeflecht stammen.

Die Muskulatur an der Streckseite (Vorderseite) des Oberschenkels, also der Quadriceps, ist dem *N. femoralis* unterstellt. Bei der Femoralislähmung ist also die Streckbewegung des Unterschenkels aufgehoben. Wenn der Verletzte auf einem Stuhl sitzt, ist er beispielsweise nicht instande, den Unterschenkel anzuheben.

An der Rückseite des Oberschenkels liegt der bekannte *Ischiasnerv*. Er entsendet am Oberschenkel einzelne Äste zu den dort gelegenen Beugemuskeln, die aber auch noch unmittelbar aus dem Beingeflecht Nerven erhalten. Bei der Schußverletzung des Ischiasnerven sind deshalb die Muskeln an der Rückseite des Oberschenkels in der Regel nur geschwächt, aber nicht gelähmt.

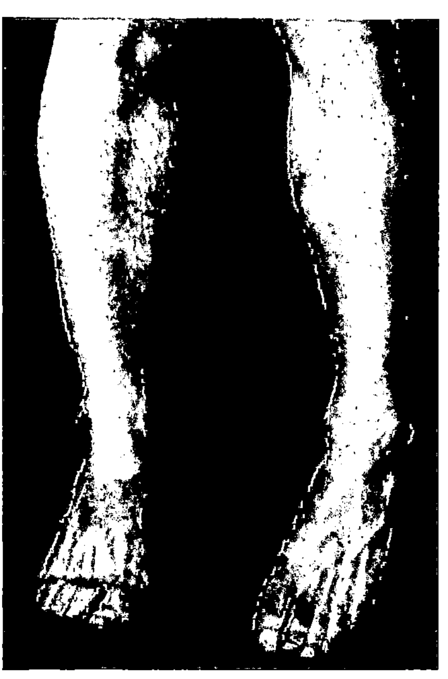

Abb. 12. Fibularislähmung (Peronaeuslähmung) links. Der linke Fuß kann nicht angehoben werden. Die vom linken N. fibularis versorgte Muskulatur ist etwas zurückgegangen. (Nach SCHELLER: Handbuch der Inneren Medizin, 3. Aufl., Bd. V/2.)

Etwas oberhalb der Kniekehle teilt sich der Ischiasnerv in den *N. tibialis* und den *N. fibularis* (ältere Bezeichnung: *N. peronaeus*).

Der *N. tibialis* verläuft mitten durch die Kniekehle und endet an allen Wadenmuskeln. Bei Durchtrennung dieses Nerven ist also die Wadenmuskulatur gelähmt, der Fuß kann nicht gesenkt werden, Zehenstand ist unmöglich. Auch die langen und kurzen Zehenbeuger sind gelähmt.

Vom *N. fibularis* sind dagegen alle Muskeln abhängig, die den Fuß und die Zehen heben. Die Fibularislähmung (= Peronaeuslähmung) erkennt man sehr leicht beim Gang am Hängen der Fußspitze (Hahnentritt). Fuß und Zehen können nicht gehoben werden (s. Abb. 12).

Ist der gesamte N. ischiadicus durchtrennt, sind also Tibialis und Fibularis gelähmt, dann können Fuß und Zehen überhaupt nicht bewegt werden.

8. Muskeln und Nerven am Kopf und Rumpf.

Unter der Haut des Gesichtes liegen zahlreiche Muskeln, durch deren Tätigkeit das Mienenspiel zustande kommt, die u. a. das Schließen der Augen und die Bewegungen des Mundes ermöglichen. *Ein* Nerv, der *Facialis*, ist für diese Muskeln zuständig. Er durchbohrt die Schädelbasis im Gebiet des Felsenbeins und teilt sich vor dem Ohrläppchen, innerhalb der Ohrspeicheldrüse, in seine Äste (s. Abb. 19, 8). Bei schweren Erkrankungen des Mittelohres, bei Brüchen der Schädelgrundfläche, aber auch bei Verletzungen in der Gegend des Ohrläppchens kann der N. facialis geschädigt oder durchtrennt werden. Es kann aber auch über Nacht ohne äußeren Anlaß eine „Facialislähmung" auf rheumatischer Grundlage entstehen. Sie ist leicht zu erkennen: die Stirn wird auf der Seite der Lähmung nicht mehr gerunzelt, das Auge ist nicht zu schließen und beim Pfeifen, Lachen, Zähnezeigen wird der Mund schief, weil sich die gelähmte Gesichtsseite nicht mitbewegt. Der Facialisnerv enthält nur „Befehlsfasern".

Die Empfindungsnerven der Gesichtshaut gelangen auf dem Wege des Drillingsnerven *(Trigeminus)* zum Gehirn. Einzelne seiner Äste können heftig schmerzen (Trigeminusneuralgie). Auch an den Zähnen enden die Fasern des Drillingsnerven.

Am Hals und im Bereich des Nackens gibt es eine Reihe von Muskeln, die den Kopf nach verschiedenen Richtungen bewegen. Dreht man den Kopf nach einer Seite (z. B. nach links), dann wird auf der Gegenseite (rechts) sehr deutlich der *Kopfnicker* sichtbar, der sich zwischen dem Warzenfortsatz (hinter dem Ohr) und dem Brustbein ausspannt (s. Abb. 19, 6).

Die *Muskeln des Rumpfes* sollen nur kurz beschrieben werden: Zwischen den Rippen befinden sich Muskeln, welche dieselben beim Einatmen heben und beim Ausatmen senken. Das Zwerchfell, die Scheidewand zwischen Brusthöhle und Bauchhöhle, besteht in den seitlichen Abschnitten ebenfalls aus Muskulatur, die sich beim Einatmen zusammenzieht, so daß die Zwerchfellplatte *gesenkt* und dadurch die Brusthöhle *erweitert* wird; umgekehrt wird das Zwerchfell beim Ausatmen nach oben gedrängt. Eine Lähmung des Zwerchfellmuskels ist mit dem Leben nicht vereinbar.

Zwischen Rippenbogen und Becken spannen sich große, plattenartige Muskeln aus, die die vordere und seitliche Bauchwand stützen. Das *Aufrichten aus dem Liegen* wird u. a. dadurch ermöglicht, daß sich Muskeln der vorderen Bauchwand anspannen und den Rumpf nach vorn beugen (s. Abb. 20, 6).

Am Rücken liegen zu beiden Seiten der Dornfortsätze Muskeln, welche die Wirbelsäule bewegen, die wir bekanntlich in gewissen Grenzen nach vorn (Katzenbuckel), hinten (hohles Kreuz) und seitlich beugen können.

9. Hinweise für die Feststellung der gelähmten Muskeln.

Wenn der Krankengymnastin ein Patient überwiesen wird, muß sie den Arzt *fragen, welche Muskeln und in welcher Weise* (*Stromart, Lage der Elektroden*) *sie behandeln soll.* Es ist aber zweckmäßig, wenn sie die gelähmten Muskeln bis zu einem gewissen Grade selbst ausfindig machen kann. Der zu Behandelnde wird, sofern eine Verletzung der oberen Gliedmaßen vorliegt, aufgefordert, nacheinander den Oberarm (= Beweglichkeit im Schultergelenk), den Unterarm, die Hand und die Finger in verschiedenen Richtungen zu bewegen. Der Oberarm ist nach vorn, seitlich und nach hinten zu heben sowie einwärts und auswärts zu drehen; den Unterarm läßt man beugen und strecken, ebenso die Hand und die Finger, die außerdem zu spreizen und aneinander zu legen sind. Auch die Gegenstellung (Opposition) des Daumens ist zu prüfen. Ebenso läßt man, wenn eine Verletzung an den unteren Gliedmaßen vorhanden ist, nacheinander die Bewegungen des Oberschenkels, Unterschenkels, des Fußes sowie der Zehen ausführen. Gelingt eine Bewegung nicht oder nur unvollständig, so schließt man daraus auf die gelähmte Muskelgruppe. Allerdings ist auch darauf zu achten, ob nicht etwa eine Gelenkversteifung Ursache von Bewegungsstörungen ist. Um die Beweglichkeit eines Gelenkes zu prüfen, werden die beiden Körperabschnitte, die in ihm zusammentreffen, angefaßt und vorsichtig bewegt. Gelenkversteifungen sind natürlich anders als Muskellähmungen zu behandeln, nämlich nicht elektrisch, sondern mit fremdtätigen Bewegungsübungen. — Auch die *Betrachtung der in ihrem Ernährungszustande häufig zurückgegangenen Muskulatur* (Atrophie) *kann für die*

Feststellung der gelähmten Muskelgruppen wichtig sein. Um den Kräftezustand der Muskulatur zu beurteilen, vergleicht man immer gesunde und kranke Körperseite miteinander. Und schließlich ist durch die *Prüfung mit dem elektrischen Strom* oft sehr leicht festzustellen, welche Muskeln gelähmt oder geschwächt sind.

10. Ursachen der Nervenschädigungen.

Wir haben bisher nur von den Folgen der Durchtrennung einzelner Nerven gesprochen. Selbstverständlich gibt es auch leichtere Grade der Nervenschädigung, derart, daß die Muskeln nicht gelähmt, sondern nur geschwächt sind und die Sensibilität nur eine Herabsetzung gegenüber der Norm erfährt.

Die Ursachen der Nervenschädigungen sind außerordentlich mannigfaltige. Nicht nur durch Schuß-, Stich- und Schnittverletzungen, sondern auch durch Quetschung und Zerrung können die peripheren Nerven in Mitleidenschaft gezogen werden. Lähmungen des Armgeflechts kommen beispielsweise zustande durch Sturz auf die Schulter etwa bei Motorradunfällen, durch Schlüsselbeinbrüche oder entstehen unter der Geburt beim Neugeborenen. Recht häufig sind Radialislähmungen im Gefolge von Oberarmbrüchen und Medianus- und Ulnarislähmungen nach Ausrenkungen des Oberarmkopfes. Auch länger dauernder Druck ist geeignet Lähmungen hervorzurufen. Man kennt die „Schlafdrucklähmung" des N. radialis, „Narkoselähmungen" infolge zu starker Fixierung des Armes auf dem Operationstisch; durch Krückendruck kommt es immer wieder zu Schädigungen der Armnerven im Gebiet der Achselhöhle, unter Umständen auch einmal durch Druck des kindlichen Kopfes auf das Beckengeflecht der Mutter während der Geburt zu einer sog. „Entbindungslähmung" mit Ausfallserscheinungen von seiten des N. ischiadicus. Soviel über die *mechanisch* entstandenen Nervenschädigungen.

Außerordentlich häufig sind die Entzündungen der peripheren Nerven, die *Neuritiden.* Sie äußern sich in Schmerzen, Mißempfindungen (Kribbeln, Ameisenlaufen, Hitze- und Kälteempfindungen), Schmerzhaftigkeit der Nervenstämme gegenüber Druck und Dehnung und Störungen der Sensibilität. Auch Schwäche und Atrophie der Muskulatur kommt vor. Bestehen Nervenschmerzen und findet man bei der Untersuchung lediglich eine Druckempfindlichkeit der Nervenstämme an den typischen Punkten, während sonstige Störungen fehlen, so spricht man von einer *Neuralgie*. Neuritiden kommen im Zusammenhang mit verschiedenen Infektionskrankheiten vor, am häufigsten ist die „rheumatische" Neuritis, wie sie nach örtlicher Abkühlung oder nach Erkältungskrankheiten auftritt. Auch Herde in den Mandeln, Zahnwurzeln und in den Nasennebenhöhlen sind ursächlich oft von Bedeutung (Ausschwemmung von Bakterieneiweiß oder auch verändertem Körpereiweiß).

Als *Polyneuritis* wird die entzündliche Erkrankung zahlreicher Nerven bezeichnet. Hierbei sind die Atrophien in manchen Fällen erheblich. Bei der mehrere Wochen nach der Diphtherie auftretenden „Polyneuritis postdiphtherica" stehen dagegen nicht selten die Störungen der Lageempfindung im Vordergrunde; es werden hier besonders die aus den Muskeln, Sehnen und Gelenken stammenden sensiblen Fasern geschädigt, welche nicht nur die Empfindung von der Lage unserer Gliedmaßen vermitteln, sondern insbesondere auch die Zielsicherheit aller Bewegungen durch ihren regelnden Einfluß gewährleisten. Dementsprechend sind die Bewegungen der Gliedmaßen oft ausgesprochen unsicher (ataktisch).

Zu schweren Nervenschädigungen können akute und chronische *Vergiftungen* (Blei, Arsen, Quecksilber, Kohlenoxyd, Alkohol) führen. Nach Genuß von thalliumhaltigen Präparaten, wie sie zur Bekämpfung von Ratten und Mäusen in Form der Zeliopaste im Handel sind, kommen heftige Wadenschmerzen und Lähmungen der Unterschenkelmuskeln vor. Durch Triorthokresylphosphat, ein technisches Öl, das in Unkenntnis seiner Giftigkeit zum Braten und Backen benutzt wurde, sind in den letzten Jahren nur schwer beeinflußbare Lähmungen der Unterschenkelmuskeln und der kleinen Handmuskeln hervorgerufen worden.

Schließlich gibt es Neuritiden bei Stoffwechselstörungen, also infolge abnormer Zusammensetzung der Gewebssäfte, so z. B. bei Zuckerkrankheit, Nierenleiden und während der Schwangerschaft.

11. Die spinale Kinderlähmung (Poliomyelitis anterior).

Lähmungen einzelner Muskeln oder ganzer Muskelgruppen entstehen nicht nur nach Unterbrechung oder Schädigung peripherer Nerven, sondern auch dann, wenn die *Nervenzellen im Vorderhorn des Rückenmarks*, von denen die motorischen Fasern der Nerven ihren Ausgang nehmen, zerstört oder geschädigt werden. Das ist beispielsweise der Fall bei der spinalen Kinderlähmung. Es handelt sich hierbei um eine akute Infektionskrankheit des Nervensystems, verursacht durch äußerst kleine, nicht einmal im Mikroskop erkennbare, neuerdings aber im Elektronenmikroskop sichtbar gemachte Erreger, die sich in den Vorderhornzellen des Rückenmarks ansiedeln und dieselben mehr oder weniger stark schädigen, unter Umständen sogar völlig vernichten. Man kann die Krankheit in mehrere Stadien einteilen:

1. Das *infektiöse Stadium* verläuft unter dem Bilde eines Katarrhs der oberen Luftwege (Fieber, Schnupfen, Angina), doch können auch Erscheinungen von seiten des Magen-Darmkanals vorhanden sein. Fernerhin besteht oft eine Überempfindlichkeit am ganzen Körper gegen jedwede Berührung sowie eine gewisse Nackensteifigkeit, die an beginnende Hirnhautentzündung denken läßt und in der Tat durch eine entzündliche Reizung der Hirnhäute und der Rückenmarkswurzeln bedingt ist.

2. *Lähmungsstadium.* Nach wenigen Tagen treten dann, meist sehr plötzlich, manchmal auch im Verlauf einiger Tage, Lähmungserscheinungen auf. Am häufigsten sind beide Beine befallen, aber auch Lähmungen der oberen Extremitäten, der Bauchmuskeln, gelegentlich der gesamten Körpermuskulatur kommen vor. Die Muskelspannung ist stark herabgesetzt, die Hautempfindung immer normal.

3. Das 3. Stadium ist gekennzeichnet durch die mehr oder weniger vollständige *Rückbildung der Lähmungen.* So beobachtet man, daß nach anfänglicher Lähmung beider Beine nach einigen Tagen oder im Laufe von Wochen in einem Bein die Beweglichkeit ganz wiederkehrt und in dem anderen im Laufe der Zeit ein großer Teil der verschiedenen Muskelgruppen wieder angespannt werden kann. In manchen Fällen tritt eine völlige Wiederherstellung ein, nicht selten bleiben aber einzelne Muskeln oder Muskelgruppen geschwächt oder gelähmt („Residuärlähmungen"). Es sind das diejenigen Muskeln, deren zugehörige Vorderhornzellen durch den Krankheitsprozeß *völlig* zerstört wurden. Im Gegensatz zu den peripheren Lähmungen (Radialis, Medianus usw.) betrifft die Restlähmung nach Poliomyelitis an der oberen Extremität meist am Schultergelenk gelegene Muskeln (Deltoideus, Infraspinatus, Serratus ant.). An der unteren Extremität sind häufig Quadriceps, Hüftgelenksmuskeln, aber auch die Fibularis- oder Tibialisgruppe gelähmt oder geschwächt. Im 3. Stadium muß dem durchweg sehr ausgesprochenen Muskelschwund durch konsequente Behandlung mit Massage und Elektrisieren entgegengewirkt werden. Die elektrische Reizung wird dabei nach den gleichen Grundsätzen wie bei den peripheren Lähmungen (s. S. 30 ff.) durchgeführt.

4. Etwa 1—2 Jahre nach der akuten Erkrankung kann mit einem weiteren Rückgang der Lähmungen nicht mehr gerechnet werden. In den Gegenspielern der gelähmten Muskeln können sich Kontrakturen ausbilden. Es kommt unter Umständen zu Verformungen der Knochen (Deformitäten des Fußes bei Lähmungen von Unterschenkelmuskeln, Verbiegungen der Wirbelsäule infolge Rumpfmuskellähmung), Lockerung der Gelenke sowie auch zu trophischen Störungen an der Haut. In diesem „Stadium der trophischen Störungen und Kontrakturen" tritt die orthopädische Versorgung in ihr Recht. Von der elektrischen Behandlung ist kein Erfolg mehr zu erwarten.

12. Über einige Grundbegriffe der Elektrizitätslehre.

Wer mit der elektrischen Behandlung betraut wird, sollte wenigstens über einige Grundbegriffe der Elektrizitätslehre richtige Vorstellungen besitzen. Unter *Elektrizität* muß man sich — mag sie auch unsichtbar sein — eine *Substanz* vorstellen, die in den Drähten unserer elektrischen Leitungen enthalten ist und die, wie das Wasser in den Wasserleitungsrohren, stillstehen oder sich bewegen kann. Ebenso wie das Wasser unserer Leitung steht auch die Elektrizität unter Druck oder, wie man sagt, unter *Spannung*; man mißt sie in *Volt*. Bekanntlich haben die Netze der meisten Städte 220, gelegentlich auch 110 Volt Spannung.

Schließt man an einen elektrischen Steckkontakt irgendein Gerät, etwa eine Lampe oder ein Heizkissen an, dann werden dadurch die beiden „Pole" miteinander verbunden, und es fließt nun ein elektrischer *Strom*, dessen Stärke man in *Ampere* mißt. Der tausendste Teil von einem Ampere heißt *Milliampere*. Einige Milliampere spürt man schon deutlich, und wir behandeln unsere Patienten mit Strömen bis zu 30 Milliampere. Die Stromstärke, die durch irgendein elektrisches Gerät — oder auch durch den menschlichen Körper bei der elektrischen Behandlung — fließt, ist desto größer, je höher die angelegte Spannung ist. Sie hängt außerdem aber davon ab, einen wie hohen *Widerstand* das betreffende Gerät bzw. der menschliche Körper hat. Je *größer* der Widerstand, desto *geringer* die Stromstärke. Nach dem Ohmschen Gesetz gilt folgende Beziehung: Stromstärke $= \dfrac{\text{Spannung}}{\text{Widerstand}}$.

Der elektrische Strom kann von verschiedener Art sein. Manche städtischen Netze haben bekanntlich *Gleichstrom*. Hier fließt Elektrizität immer in einer Richtung, wie das Wasser in in einem Fluß dahin (s. Abb. 13a). Und auch der sog. *galvanische*

Strom ist nichts anderes als ein schwacher, für den menschlichen
Körper zuträglicher Gleichstrom. In zahlreichen Städten sind
die Netze aber mit *Wechselstrom* gespeist. Hier bewegt sich die
Elektrizität in den Drähten nicht in einer Richtung, sondern sie
pendelt sehr schnell, und zwar in der Regel 50mal in der Sekunde,
hin und her. Zeichnet man die Bewegungen der Elektrizität mit
Hilfe irgendeines empfindlichen Instrumentes auf einen laufenden
Papierstreifen, dann entsteht ein Bild wie in Abb. 13b. Der
faradische Strom unserer Elektrisier-
apparate ist *auch* ein *Wechselstrom*,
doch pendelt hier die Elektrizität
nicht gleichmäßig hin und her,
sondern es wechseln steile elektrische Stöße nach der einen Richtung
mit etwas schwächeren Stößen nach
der entgegengesetzten Richtung
miteinander ab (s. Abb. 13c).

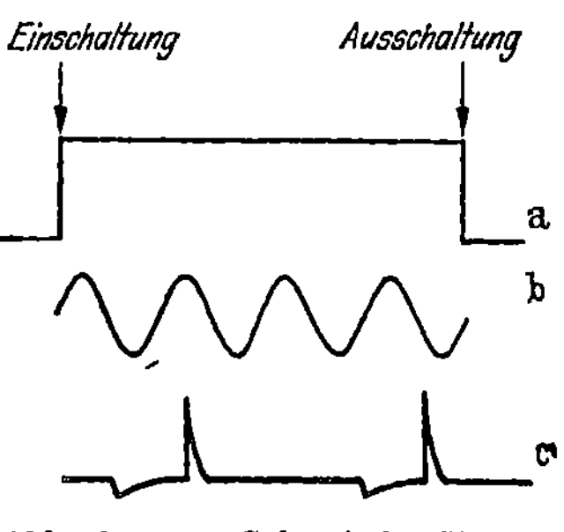

Abb. 13 a—c. a Galvanischer Stromstoß, b Sinusstrom, c faradischer
Strom. Alle drei Stromarten sind mit
einem empfindlichen, den Veränderungen des Stromes genau folgenden
Instrument auf einen laufenden Papierstreifen aufgeschrieben worden.

13. Die Elektrisierapparate.

Die Elektrisierapparate werden
in den verschiedensten technischen
Ausführungen gebaut, bei jedem
von ihnen findet man aber be-
stimmte Bestandteile wieder. Ein vollständiger, brauchbarer
Apparat liefert *galvanischen* und *faradischen* Strom.

a) **Die Einrichtung für die galvanische Behandlung.** Immer
ist auf irgendeine Weise die Höhe der an den Körper angelegten
Spannung[1] zu regeln, etwa mit Hilfe einer Metallstange, die aus
dem Apparat herausgezogen wird, oder mit einem drehbaren
Knopf. Man verändert dabei einen im Innern des Apparates
befindlichen Widerstand. Ein Meßinstrument (*Milliamperemeter*)
zeigt die Stärke des elektrischen Stromes an, der durch den
Kranken hindurchgeht. Meist haben diese Instrumente zwei
oder drei Meßbereiche, die mit einem drehbaren Knopf oder einem
Hebel eingestellt werden können. Während der Behandlung

muß man das Meßinstrument möglichst *unempfindlich* einstellen, da es Schaden leidet, wenn der Zeiger an das Ende der Skala anschlägt. Bei einem Instrument mit den Zahlen 5, 50, 500 stellt man also die Zahl 50 oder 500 ein. Jeder Apparat hat weiterhin einen *Stromwender*, mit welchem die beiden Pole vertauscht werden können. Er pflegt die Aufschriften N (= normale Stromrichtung) und W (= Wechsel, Strom gewendet) zu tragen. In der Regel beläßt man den Stromwender in der Stellung N.

b) Die Einrichtung für die faradische Behandlung. Der *faradische Strom* wird auf folgende Weise erzeugt: Im Innern des Apparates befinden sich 2 Spulen (unter Spule versteht man einen in Windungen auf irgendeinen Körper aufgewickelten isolierten Draht). Durch die erste Spule wird ein zerhackter, also in kurzen Abständen immer wieder unterbrochener Gleichstrom geschickt; in der zweiten Spule entsteht dann bei jeder Unterbrechung und Schließung durch Induktion ein elektrischer Spannungsstoß. Der von der zweiten Spule abgeleitete Strom ist der *faradische*. Die Einrichtung zur Unterbrechung des Stromes in der ersten Spule, der „*Unterbrecher*", ist bei vielen Apparaten sichtbar an der Oberfläche angebracht. Er ist ganz ähnlich wie eine elektrische Hausklingel gebaut: ein Hebel, der Hammer, der von einem kleinen Elektromagneten abwechselnd angezogen und — infolge automatischer Unterbrechung des Stromkreises — wieder losgelassen wird, pendelt etwa 20—40mal in der Sekunde hin und her. Die Zahl der Unterbrechungen, also die Schnelligkeit, mit welcher der Hammer schwingt, ist bei manchen Apparaten regelbar, etwa durch Verlängerung oder Verkürzung des Hammers oder, wie bei dem neuen Siemens-Pantostaten, mit Hilfe einer exzentrischen Scheibe, die dem schwingenden Hammer größere oder geringere Bewegungsfreiheit läßt. In der Regel muß der Unterbrecher so eingestellt werden, daß der Hammer schnell schwingt, die Stromstöße also schnell aufeinander folgen. Immer ist in irgendeiner Weise die *Stärke des faradischen Stromes zu verändern*, etwa mit Hilfe einer Zugstange, durch welche die zweite Spule der ersten mehr oder weniger genähert wird. In modernen Apparaten wird der faradische Strom mit Röhrenschaltungen erzeugt.

Manche Apparate besitzen getrennte *Klemmen* zur Abnahme des galvanischen und des faradischen Stromes. In der Regel werden aber *beide* Stromarten an *einem* Klemmenpaar abgenommen, das dann die Bezeichnung GF trägt. Die Einschaltung des galvanischen oder faradischen Stromes erfolgt durch einen Schalter mit den Buchstaben G (= galvanisch), F (= faradisch) und C (= kombiniert, beide Stromarten gleichzeitig).

Ältere Apparate haben außerdem manchmal noch zwei be-sondere Schalter zum Anstellen des galvanischen oder faradischen Stromes.

Soviel über die Einrichtungen, die man bei jedem Elektrisier-apparat findet. Verschieden ist bei den einzelnen Typen die Art der Stromquelle.

α) Vielfach sind zur Zeit Apparate im Gebrauch, die einen Motor besitzen, der vom städtischen Netz gespeist wird und mit einem Dynamo gekoppelt ist; letzterer erzeugt den Strom für die elektrische Behandlung (*Pantostat, Multostat*). Der Elektro-motor kann sowohl für Gleichstrom- als auch für Wechselstrom-antrieb gebaut sein[1]. Elektrisierapparate dieser Bauart haben den Vorteil, daß der Stromkreis, an welchen man den Kranken an-schließt, vom städtischen Netz völlig unabhängig ist. Hier besteht die Gefahr nicht, daß der Kranke, wenn er versehentlich „geerdet" wird, einen elektrischen Schlag davonträgt. Der Motor dieser Apparate wird durch einen *Anlasser* (Zugstange, drehbarer Knopf) langsam eingeschaltet.

β) Man trifft auch *Elektrisierapparate* an, die nicht mit einem Motor ausgerüstet sind. Sofern sie *für den direkten Anschluß an das Gleichstromnetz* gebaut sind, wird durch eine bestimmte Ein-richtung die Gleichspannung so weit vermindert, wie für die elek-trische Behandlung notwendig, nämlich auf höchstens 60—80 Volt. Diese Geräte haben den Vorzug, daß sie geräuschlos arbeiten. Es haftet ihnen aber der Nachteil an, daß der Kranke Schaden nehmen kann, wenn er zufällig — etwa durch Berührung mit der Wasserleitung — geerdet wird. Da der eine Pol der Gleichstrom-zentralen meist mit der Erde verbunden ist, liegt in diesem Falle an dem Kranken die volle Spannung von 220 Volt, so daß durch ihn ein starker Strom hindurchfließt, der ihn unter Umständen das Leben kostet. Man darf mit solchen Apparaten, die nicht „erdschlußfrei" sind, deshalb nur in Räumen mit Linoleum- oder trockenem Holzfußboden behandeln und muß darauf achten, daß der Kranke nicht mit der Gas- oder Wasserleitung in Berührung kommen kann. Strengstens *verboten* ist es, *derartige Apparate in Kellerräumen* oder *Badezimmern zu benutzen.*

γ) In den moderneren *Apparaten zum direkten Anschluß an das Wechselstromnetz* wird durch einen „Gleichrichter" der Wechselstrom in Gleichstrom umgewandelt, wie man ihn ja

---

[1] Bei Neuanschaffung eines Apparates muß man angeben, ob das Ortsnetz Gleichstrom oder Wechselstrom führt und wie hoch die Spannung ist, damit der Motor entsprechend ausgewählt wird.

für die galvanische Behandlung benötigt[1]. Diese Geräte sind meist erdschlußfrei.

δ) Schließlich gibt es auch Apparate, bei denen eine *Batterie* als Stromquelle dient. Sie liefern zumeist nur faradischen Strom und sind deshalb für die Behandlung Nervenverletzter, für die man in erster Linie den galvanischen Strom benötigt, ungeeignet.

Ältere Elektrisierapparate haben gelegentlich an Stelle des faradischen Stromes — oder auch neben demselben — *Sinusstrom* (s. Abb. 13b), einen Wechselstrom, der in denselben Fällen angewandt werden kann, die sich zur faradischen Behandlung eignen. Der entsprechende Schalter trägt manchmal die unklare Bezeichnung „Sinusfaradisation". Im allgemeinen ist man von der Benutzung des Sinusstromes wieder abgekommen, weil

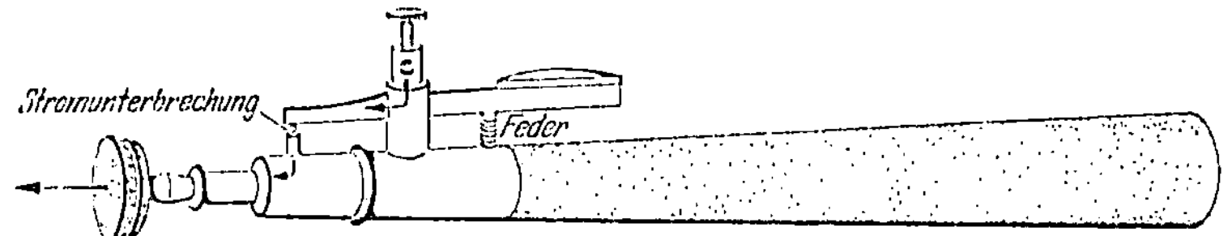

Abb. 14. Unterbrecherelektrode. Der Weg, den der elektrische Strom nimmt, ist durch Pfeile gekennzeichnet worden.

er sich gelegentlich als *gefährlich* erwies. Auf keinen Fall darf man mit starkem Sinusstrom behandeln!

c) Zubehör zum Elektrisierapparat (Elektroden, Leitschnüre). Der elektrische Strom wird dem Körper durch *Elektroden* zugeführt, Platten verschiedener Größe aus biegsamem Metall (Zink, Zinn oder Aluminium), die mit Stoff überzogen sind.

Auch blanke Metallplatten kann man in bestimmten Fällen (s. Abschnitt 20) als Elektroden benutzen, wenn man eine dicke Schicht von Frottierstoff zwischen Körper und Elektrode legt. Der Stoff soll die Elektrode um etwa 2 cm überragen.

Meist dient ein Holzgriff als *Elektrodenhalter.* Man reizt in der Regel mit einer kleinflächigen Elektrode, die eine Taste zur Unterbrechung des elektrischen Stromes besitzt und deshalb *Unterbrecherelektrode* oder auch *Reizelektrode* genannt wird (s. Abb. 14). Bei den meisten Unterbrecherelektroden ist der Strom bei Druck auf die Taste *ausgeschaltet.* Man muß also die Elektrode mit *heruntergedrückter Taste* (so daß kein Strom fließt) auf den Körper aufsetzen und dann *kurzdauernd loslassen,* nicht, wie das Unerfahrene tun, kurzdauernd herunterdrücken. Es gibt allerdings auch Unterbrecherelektroden, bei welchen der Strom durch Druck auf die Taste eingeschaltet wird.

Die Elektroden werden mit dem Apparat durch *Leitschnüre* verbunden, die biegsam sein sollen und deswegen aus geflochtenem

---

[1] Hier sind zu nennen „Ventilpantostat", „Variostat", „Rheopant" und „Neurotherp".

dünnen Draht zu bestehen pflegen; sie sind mit irgendeinem isolierenden Material (Seide, Stoff, Gummi) umgeben. Der Anschluß
an den Apparat und an die Elektroden erfolgt mit Hilfe von
Kabelstiften oder Kabelschuhen.

14. Die Pflege des Apparates.

Die Apparate für die elektrische Behandlung sind vor Ver-
stauben zu schützen. Man bedeckt sie deshalb, wenn sie nicht
benutzt werden, mit einem Tuch. Höchst wichtig ist es, beim
Pantostaten und Multostaten den *Motor* zu pflegen und rechtzeitig
zu ölen bzw. zu schmieren. Mangelhafte Schmierung der Lager
hört man an einem quietschenden Geräusch. An beiden Enden
der Motorachse sind Buchsen angebracht, die entweder mit
Staufferfett oder mit Öl gefüllt werden müssen. Aus den Ge-
brauchsanweisungen geht hervor, in welcher Art und Weise der
Motor zu pflegen ist. Wer den Fehler macht, in Buchsen, die für
Staufferfett eingerichtet sind, Öl einzutun, wird erleben, daß der
Motor „verölt" und dann nicht mehr läuft.

Verhältnismäßig häufig ist der *Unterbrecher* bei den älteren
Apparaten nicht in Ordnung. Wenn man ein wenig geschickt ist,
kann man ihn in der Regel wieder in Gang bringen.

Die *Leitschnüre*, die Apparat und Elektroden miteinander ver-
binden, sind häufig alt und schadhaft. Es kann für den Kranken
sehr unangenehm sein, wenn die Schnur einen „Wackelkontakt"
hat und der Elektrisierer — in der Meinung, daß der Strom zu
schwach sei — die Spannung am Apparat immer mehr erhöht, bis
dann plötzlich bei zufälliger Wiederherstellung des Kontaktes ein
viel zu starker Strom einschießt. Häufig sind die Schnüre auch
schlecht isoliert. Schadhafte Schnüre müssen sofort verworfen
oder ausgebessert werden. Wackelkontakte sitzen oft am Über-
gang der Schnur in den Kabelstift, die hier am häufigsten ab-
geknickt wird. Sehr zweckmäßig ist es, zwei Schnüre *mit verschiedenen Farben* an die beiden Pole des Apparates anzuschließen.

An der *Unterbrecherelektrode* ist der Kontakt stets sauber zu
halten! Wenn die metallenen Kontaktflächen schwarz geworden
oder mit Grünspan überzogen sind, geht kein Strom mehr hindurch. Es kann auch sein, daß die Unterbrecherelektrode den
Strom nicht durchläßt, weil die *Kraft der Feder unter der Taste
nachgelassen hat* oder weil das Lager, in welchem die Taste ruht,
unsauber geworden ist. Am einfachsten beseitigt man den zuletzt
genannten Fehler dadurch, daß man dieses Lager mit einem
Draht überbrückt.

Schließlich ist darauf zu achten, daß der *Stoffbesatz der Elektroden* keinen Schaden aufweist. Wenn die Haut mit dem blanken Metall in Berührung kommt, können Verätzungen entstehen. Ein neuer Besatz aus Leinen ist leicht anzubringen. Allwöchentlich sind die *Elektroden* mit reinem Leitungswasser von den zersetzenden Stoffen, die sich in ihnen beim Elektrisieren bilden, zu *säubern*.

Wenn man elektrisiert und es fließt kein Strom (was man daran erkennt, daß das Milliamperemeter keinen Ausschlag gibt), dann suche man den Fehler zuerst an der Unterbrecherelektrode und in den Leitschnüren. Erst dann, wenn diese Teile sicher in Ordnung sind, muß an eine Störung im Apparat gedacht werden, die dann nur der Fachmann beseitigen kann.

15. Über die Reizung der Nerven und Muskeln mit dem elektrischen Strom unter normalen und krankhaften Verhältnissen.

An Gliedmaßen mit unbeschädigten Nerven kann man die Muskeln dadurch zur Tätigkeit bringen, daß man auf die zugehörigen *Nerven* einen elektrischen Strom einwirken läßt (= elektrisch „reizt"). Eine großflächige „indifferente" Elektrode wird mitten auf die Brust oder auf den Rücken, eine kleinflächige Unterbrecherelektrode (= Reizelektrode) dagegen auf den Nerven an einer Stelle aufgesetzt, wo er dicht unter der Haut, also nicht unter Muskeln versteckt liegt. Unter der kleinflächigen Elektrode ist der Strom viel „dichter", gleichsam konzentrierter und deshalb wirksamer (s. Abb. 15). Wird nach Aufsetzen der Unterbrecherelektrode in Nähe eines Nerven der *faradische* Strom eingeschaltet, der ja aus schnell aufeinanderfolgenden Stromstößen besteht, dann zieht sich der Muskel *so lange zusammen, wie der Strom fließt*. Schickt man dagegen einen galvanischen Strom in den Nerven hinein, dann ziehen sich die Muskeln *nur einmal*, im Augenblick des Einschaltens rasch zusammen, bleiben dann aber in Ruhe, auch wenn der Strom noch weiter eingeschaltet bleibt.

Dieselben Erscheinungen sind zu beobachten, wenn man *die Muskeln selbst* reizt: bei Einschaltung des faradischen Stromes sind sie so lange zusammengezogen, wie Strom fließt, beim galvanischen Reiz „zucken" sie nur im Augenblick des Einschaltens.

Ist dagegen ein Nerv durchtrennt und liegt der Zeitpunkt der Verletzung nicht weniger als 2—3 Wochen zurück, dann

verhalten sich Nerven und Muskeln bei der elektrischen Reizung
völlig anders! Es ist dann nicht mehr möglich, durch Reizung des
Nerven (= indirekte Reizung) mit faradischem oder galvanischem
Strom die Muskeln zu bewegen, denn das abgestorbene Nervenstück zwischen Verletzungsstelle und Muskel leitet ja nicht mehr.
*Auch dann, wenn man den faradischen Strom in die Muskeln direkt
hineinschickt, bleiben sie völlig ruhig* (denn der einzelne faradische
Stromstoß dauert zu kurz, als daß er für den gelähmten Muskel
wirksam sein könnte). *Bei Nervenunterbrechung gelähmte Muskeln mit dem faradischen
Strom zu behandeln, ist deshalb in den meisten Fällen
völlig zwecklos.*

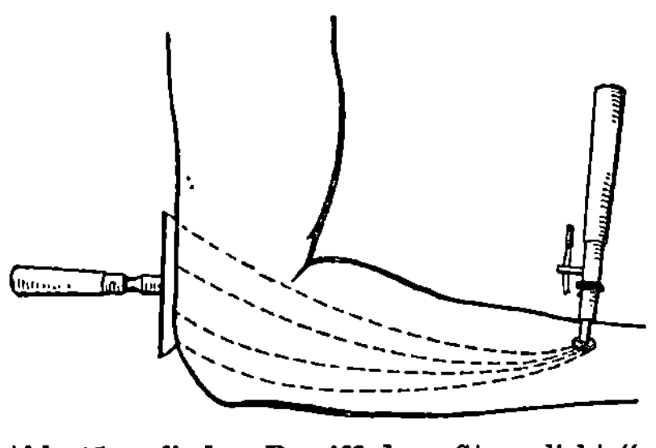

Abb. 15 soll den Begriff der „Stromdichte"
anschaulich machen. Die gleiche Elektrizitätsmenge — sinnbildlich durch 4 gestrichelte Li-
nien dargestellt — fließt von der großflächigen
Elektrode zur Unterbrecherelektrode; unter
der letzteren ist diese Elektrizitätsmenge auf
einer kleinen Fläche zusammengedrängt und
deshalb wirksamer.

Wohl aber kann man den
gelähmten Muskel mit dem
direkten *galvanischen Reiz*
zur Tätigkeit bringen. Die
Zuckung läuft allerdings
nicht so rasch, „blitzartig"
ab wie beim gesunden Mus-
kel, sondern träge, „wurm-
förmig". Außerdem besteht
noch folgender wichtige
Unterschied: den gesunden
Muskel reizt man mit dem

elektrischen Strom am besten an jenen Stellen, an welchen kleine
Nervenäste in ihn eintreten, an den sog. motorischen *Reizpunkten*,
wie sie in Abb. 19—25 eingezeichnet sind. Beim gelähmten
Muskel sind diese Nervenendigungen abgestorben; hier wirkt der
elektrische Reiz auf die Muskelfaser selbst ein. Deshalb sind die
Zuckungen meistens dann am kräftigsten, wenn man die Unterbrecherelektrode auf das untere Ende (Sehnenende des Muskels)
aufsetzt, so daß er der Länge nach vom elektrischen Strom durchflossen wird. Noch eine letzte Besonderheit des gelähmten
Muskels sei erwähnt: er zieht sich manchmal im Gegensatz zum
gesunden Muskel nicht dann am kräftigsten zusammen, wenn die
Unterbrecherelektrode an den negativen Pol angeschlossen ist,
sondern wenn man den Strom „wendet", also mit dem positiven
Pol reizt. Sind alle diese Veränderungen (Aufhebung der in-
direkten Erregbarkeit für beide Stromarten, der direkten faradischen Erregbarkeit, träge Zuckung bei direkter galvanischer
Reizung) vorhanden, so spricht man von der kompletten Entartungsreaktion (E.A.R.).

Der Inhalt dieses Abschnittes läßt sich kurz in einer Übersicht zusammenfassen. Bei unbeschädigten Nerven kann man auf vier verschiedenen Wegen den Muskel durch den elektrischen Strom zur Tätigkeit bringen:

durch faradische Reizung a) des Nerven, b) des Muskels;
durch galvanische Reizung a) des Nerven, b) des Muskels.

Ist der zugehörige Nerv durchtrennt, dann hat nur die *galvanische Reizung des Muskels* Erfolg.

16. Allgemeines über die Durchführung der elektrischen Behandlung.

Der *Behandlungsraum* soll gut durchwärmt sein. Ohnehin sind die gelähmten Gliedabschnitte häufig nur schlecht durchblutet und deshalb kalt. Bei Abkühlung läßt sich sogar bei Gesunden die Muskulatur schlechter elektrisch erregen. Der Raum muß ferner eine gute Beleuchtung haben, denn oft besteht der Erfolg der Behandlung in nur geringfügigen Muskelzuckungen, die nicht ganz einfach zu beobachten sind.

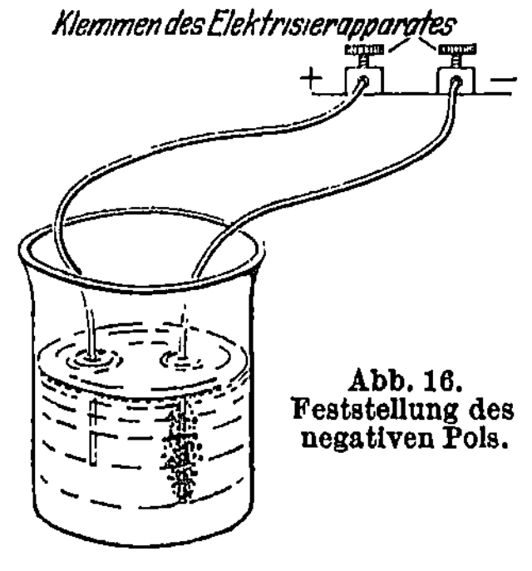

Abb. 16.
Feststellung des
negativen Pols.

Der gelähmte Körperteil soll so gelagert werden, daß er nicht gehalten zu werden braucht. Denn der Behandelnde muß die *rechte* Hand für die Unterbrecherelektrode und die *linke* für die Bedienung des Apparates frei behalten.

Bei der Behandlung der Arme setzen sich Krankengymnastin und Verletzter einander gegenüber, und zwar so, daß das Licht auf den Verletzten fällt. Den Apparat stellt man sich zur *linken* Seite. Sehr zweckmäßig ist es, wenn der Verletzte seinen Arm auf einen kleinen Tisch auflegt. Ist ein solcher nicht zur Stelle, so lege er seinen Unterarm auf den eigenen Oberschenkel. Bei der Behandlung der Beine wird der Verletzte auf ein Ruhebett oder dergleichen gelagert.

Das Einschalten des Motors am Elektrisierapparat hat langsam zu geschehen, da sonst Kurzschluß entsteht. Vor Beginn der Behandlung muß der Apparat richtig „gepolt" werden: man schließt an die beiden Klemmen zunächst nur die Leitschnüre — ohne Elektroden — an und taucht ihre beiden Enden in Leitungswasser; wird nun ein kräftiger galvanischer Strom eingeschaltet, dann bilden sich an dem einen Draht Blasen (weil durch die

Zersetzung des Wassers Wasserstoff, ein Gas, entsteht). Dieser Pol
ist der negative, an ihn schließt man die Unterbrecherelektrode
an (s. Abb. 16).

Beide Elektroden feuchte man gut mit Salzwasser an. Auch
der zu elektrisierende Köiperabschnitt wird zweckmäßigerweise
vor der Behandlung mit Salzwasser benetzt, oder noch besser
*10 Minuten lang in warmem Wasser gebadet; das Elektrisieren ist
dann weniger schmerzhaft.* Zum Schutze der Kleidung des Kranken
hält man immer ein Handtuch bereit. Die größere Elektrode kann
in den meisten Fällen der Kranke selbst halten. Wo er dazu
nicht imstande ist, muß man sie anbinden oder von einer Hilfs-
person, etwa einem anderen Kranken, halten lassen.

Es ist darauf zu achten, daß der Patient den zu behandelnden
Körperteil gut *entspannt*, da nur so der Erfolg der elektrischen
Reizung beobachtet werden kann. Wie man sonst die Elektro-
therapie im einzelnen durchführt, ergibt sich aus den folgenden
Abschnitten.

17. Die Behandlung mit dem galvanischen Strom.

a) Die Behandlung der Muskeln mit galvanischer Längsdurchströmung.

Muskeln, die mit ihrem Nerven nicht mehr in Verbindung
stehen, sind nur mit dem galvanischen Strom zur Tätigkeit zu
bringen, und zwar am besten dann, wenn sie der Länge nach vom
Strom durchflossen werden. Für die Anordnung der Elektroden
gilt folgende Grundregel: Die obere Elektrode (ohne Unterbrecher)
wird auf das rumpfnahe Ende des Muskels gesetzt, die Unterbrecherelektrode dagegen auf sein unteres Ende, etwa dort-
hin, wo er in die Sehne übergeht. Beispielsweise kommt zur Behandlung der Beugemuskeln des Oberarmes die obere Elektrode
vorn auf den Deltamuskel, die untere Elektrode dagegen dicht
oberhalb der Ellenbeuge rechts oder links neben die Sehne des
Biceps. Tabelle 1 und Abb. 17 u. 18 geben darüber Auskunft, an
welchen Stellen im allgemeinen die Elektroden bei der Behandlung der verschiedenen Muskelgruppen aufzusetzen sind. Aus-
drücklich sei bemerkt, daß es sich hier nicht um starre
Vorschriften, sondern nur um allgemeine Richtlinien handelt.
In manchen Fällen kann auch eine andere Lage der Elektroden
günstiger sein, wie wir weiter unten noch zeigen werden.

Die galvanische Behandlung geht nun folgendermaßen vor
sich: Am Apparat wird ein schwacher galvanischer Strom eingestellt und die Unterbrecherelektrode mit geöffnetem Kontakt —

Tabelle 1. *Lage der Elektroden bei galvanischer Längsdurchströmung gelähmter Muskelgruppen* (s. Abb. 17 u. 18).

Muskel oder Muskelgruppe	Obere Elektrode	Untere Elektrode
1. Deltamuskel	auf die Schulterhöhe	Ansatzlinie des Deltamuskels am Oberarmknochen
2. Muskeln an der Beugeseite des Oberarmes . .	vorn auf den Deltamuskel	beiderseits neben die Sehne des Biceps, also dicht oberhalb der Ellenbeuge
3. Muskeln an der Streckseite des Oberarmes	auf den hinteren Abschnitt des Deltamuskels	etwas oberhalb des Ellenbogens
4. Muskeln an der Beugeseite des Unterarmes	Innenseite der Ellenbeuge	an verschied. Stellen oberhalb d. Beugeseite d. Handgelenkes von der Speiche (a) bis zur Elle (b) hin
5. Muskeln an der Streckseite des Unterarmes	an die *Außenseite* des Ellenbogengelenkes	oberhalb der Streckseite des Handgelenkes, an versch. Stellen v. d. Speiche (a) bis zur Elle (e) hin
6. Muskeln zwischen den Mittelhandknochen	oberhalb der Beuge- oder Streckseite des Handgelenkes od. d. Hohlhand	Räume zwischen den Mittelhandknochen
7. Daumenballenmuskeln	dicht oberhalb der Beugeseite des Handgelenkes	an verschiedenen Stellen des Daumenballens
8. Kleinfingerballen	desgl.	Kleinfingerballen
9. Gesäßmuskeln	Kreuzbein	Gegend des großen Rollhügels oder des Sitzbeins
10. Muskeln an der Beugeseite des Oberschenkels	Gegend der Gesäßfalte	oberhalb der Kniekehle, Innenseite (a) und Außenseite (b)
11. Muskeln an der Streckseite des Oberschenkels	Leistenbeuge	oberhalb der Kniescheibe
12. Wadenmuskeln	Kniekehle	1. Übergang d. Wadenmuskulatur in die Achillessehne (a) 2. Elektrode etwas oberhalb der Ferse innen u. außen neben der Achillessehne eindrücken (b u. c)
13. Muskeln an der Streckseite d. Unterschenkels	Gegend des Wadenbeinköpfchens	etwas oberhalb der Streckseite des Fußgelenkes an verschied. Stellen (a, b)
14. Kleine Musk. d. Fußsohle	Ferse	Fußsohle
15. Kleine Muskeln des Fußrückens	Streckseite des Fußgelenkes	Äußerer Teil des Fußrückens

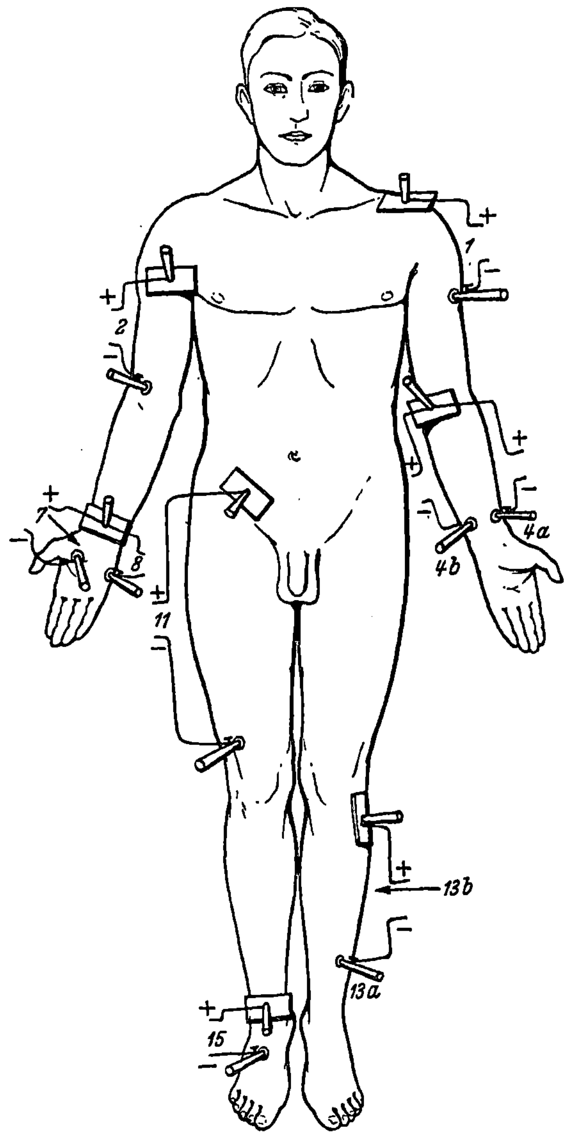

Abb. 17. Erklärungen in Tabelle 1.

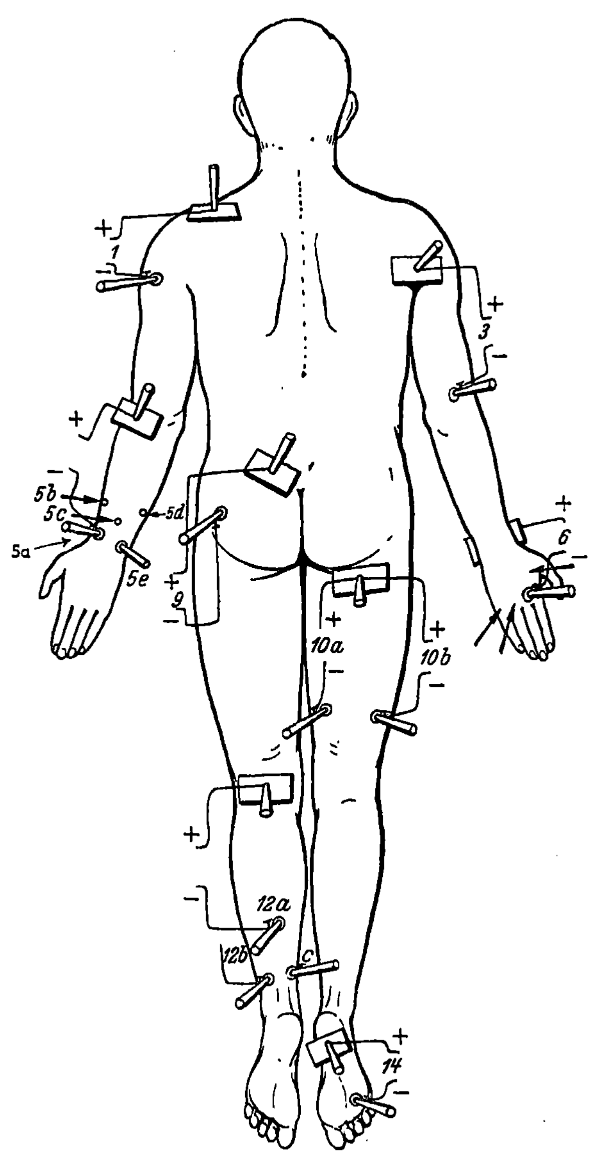

Abb. 18. Erklärungen in Tabelle 1.

also bei den meisten Elektroden mit heruntergedrückter Taste — auf das untere Ende des Muskels aufgesetzt. Nun läßt man für $1/4$ Sekunde die Taste los, so daß der elektrische Strom fließen kann. Bleibt der Muskel dabei völlig ruhig, dann wird die Spannung am Apparat etwas erhöht und nochmals der Kontakt der Reizelektrode für einen Augenblick geschlossen. So fährt man fort, bis eine solche Stromstärke erreicht ist, daß sich die gelähmten Muskeln kräftig zusammenziehen. Dafür, ob man sachgemäß vorgegangen ist, gibt es einen sehr einfachen Maßstab. Wir merken uns:

Die elektrische Behandlung ist dann richtig, wenn jene Bewegungen hervorgerufen werden, die der Verletzte nicht oder nur unvollkommen ausführen kann. Bei der Radialislähmung muß also, weil die Hand hängt, eine Streckbewegung der Hand und der Finger zu sehen sein, bei der Medianuslähmung dagegen eine Beugung des Daumens und Zeigefingers, und bei der Lähmung des N. fibularis (Peronaeus) sollen sich Fußspitze und Zehen aufwärts bewegen.

Der Strom darf beim einzelnen galvanischen Reiz nicht zu lange, sondern nur etwa $1/4$—1 Sekunde fließen. Die Reize sollen nicht zu schnell aufeinander folgen, da der Muskel Zeit haben muß, sich zu erholen. Man halte etwa dasselbe Tempo ein wie beim Training von Klimmzügen. Mit wieviel Stromstößen man bei einer Behandlung eine Muskelgruppe reizen soll, hängt davon ab, wie leicht sie auf den elektrischen Reiz antwortet. Recht zweckmäßig ist es, mit 10 Reizen zu beginnen und bei jeder Behandlung einen Reiz zuzulegen, so daß jeder Muskel schließlich 20—30mal in einer therapeutischen Sitzung elektrisch angeregt wird.

Der Verletzte wird in 2tägigen Abständen elektrisiert, keinesfalls seltener. An den dazwischenliegenden Tagen findet die *Massage* der verletzten Gliedmaßen statt. Aber auch an jede elektrische Behandlung sollten sachgemäße heilgymnastische Maßnahmen sich anschließen, wobei etwaige Gelenkversteifungen besonders zu berücksichtigen sind.

Wahl der Elektrodengröße. Bei der galvanischen Längsdurchströmung der Muskeln benutzt man etwa gleich große Elektroden. Es ist aber durchaus statthaft, wenn die indifferente Elektrode eine etwas größere Fläche hat. Für die Unterbrecherelektrode sollten *verschiedene Ansatzstücke* vorhanden sein. Bei der Behandlung der kleinen Handmuskeln und *einzelner* Muskeln des Armes oder Beines braucht man eine kleinflächige Elektrode von etwa 1 cm Durchmesser. In den Fällen, in denen sehr starke Ströme notwendig sind, um die gelähmten Muskeln zur Tätigkeit zu bringen, ist eine *größere* Reizelektrode (3—4 cm Durchmesser) vorzuziehen, weil dann die Schmerzen geringer sind.

Bei der galvanischen Behandlung der in Tabelle 1 angeführten Muskelgruppen wird man bald lernen, auch *einzelne* Muskeln elektrisch zu reizen. Wir besprechen etwas näher

die Behandlung einiger besonders häufig gelähmter Muskelgruppen mit galvanischer Längsdurchströmung. Bei der Reizung der *Muskeln an der Beugeseite des Unterarmes* wird die Hand immer so gedreht, daß man in die Hohlhand hineinsehen kann. Die obere Elektrode ist nach Tabelle 1 an der Innenseite der Ellenbeuge, die Unterbrecherelektrode dagegen an verschiedenen Punkten oberhalb der Beugeseite des Handgelenkes aufzusetzen. Bei der *Medianuslähmung* können Daumen, Zeigefinger und evtl. auch 3. Finger nur unzureichend gebeugt werden. Um eine Beugung des Daumens zu erzielen, reizt man dort, wo die *Speiche* liegt (Abb. 17, 4a). Häufig wird gleichzeitig der Zeigefinger gebeugt, manchmal aber besser, wenn man mit der Elektrode ein wenig mehr nach der Mitte des Unterarmes zu wandert oder sie in die Hohlhand setzt.

Bei der *Ulnarislähmung* ist die Beugung des 4. und 5. Fingers mangelhaft. Hier kommt die Unterbrecherelektrode in die Nähe der *Elle*, und zwar entweder auf den in Abb. 17 mit 4b bezeichneten Punkt oder auch höher hinauf. Um die Beugemuskeln sämtlicher Finger zu üben, ist es manchmal günstig, die obere Elektrode auf die Ellenseite der Unterarmmitte zu setzen. Einige Muskeln, die hier in der Tiefe entspringen, werden auf diese Weise besser vom Strom erfaßt.

Wenn man die vom *Radialis*nerven versorgten *Muskeln an der Streckseite des Unterarmes* behandelt, soll die Hand — Handrücken nach oben — schlaff herunterhängen, damit die elektrisch ausgelösten Bewegungen gut beobachtet werden können. Mit der Unterbrecherelektrode wird an verschiedenen Stellen oberhalb des Handgelenkes gereizt, von der Speiche bis zur Elle hin, bald tiefer, bald höher herauf. Man muß erreichen, daß der Daumen gestreckt (Abb. 18, Reizpunkt 5a) und abgespreizt (Reizpunkt 5b) wird, daß sämtliche Finger im Grundgelenk gestreckt (Reizpunkt 5c), und auch die nahe der Elle gelegenen Muskeln dieser Gruppe geübt werden (Reizpunkt 5d und e). Nicht selten sind allerdings alle diese Bewegungen gleichzeitig von einem Punkte her (bei 5c oder auch etwas tiefer) auszulösen.

Die Stellen, an denen die kleinen Muskeln *der Hand* gereizt werden, ergeben sich mit hinreichender Deutlichkeit aus Abb. 17 und 18.

Zur Behandlung der vom *N. fibularis* (Peronaeus) versorgten Muskeln legt sich der Verletzte auf den Rücken. Die Unterbrecherelektrode ist nach Tabelle 1 an verschiedenen Stellen oberhalb des Fußgelenkes aufzusetzen. Man beginnt damit, unmittelbar auswärts von der Kante des Schienbeines zu reizen und erreicht so, daß durch Wirkung eines Muskels der *innere Fußrand* gehoben wird (Abb. 17, Punkt 13a). Wenn diese Bewegung genügend oft elektrisch geübt worden ist, geht man mit der Elektrode ein Stückchen weiter nach außen und erzielt dann eine Aufwärtsbewegung der großen Zehe. Noch ein wenig weiter nach außen ist eine Hebung (= Streckung) der übrigen Zehen hervorzurufen. Weiterhin muß die Unterbrecherelektrode an der *Außenseite des Unterschenkels*, ein wenig *oberhalb des äußeren Knöchels*, aufgesetzt werden, damit sich der *äußere* Fußrand hebt. Anschließend geht man bis zur Mitte der Außenseite des Unterschenkels hinauf (zum Punkte 13b) und reizt hier einen weiteren Muskel, der den äußeren Fußrand hebt. Zuletzt werden die *kurzen Zehenstrecker auf dem Fußrücken* behandelt (Reizpunkt 15).

Auch bei der Behandlung der vom *N. tibialis* abhängigen Muskeln ist auf richtige Lagerung Wert zu legen. Der Verletzte nimmt Bauchlage ein; unter die Streckseite des Fußgelenkes wird eine Rolle gelegt. Man reizt zunächst dort, wo die Wadenmuskulatur in die Achillessehne übergeht (s. Abb. 18, Punkt 12a) und erreicht so, daß die Fußspitze gesenkt wird. Ferner muß die Elektrode ein wenig oberhalb der Ferse *außen* und *innen* von der *Achillessehne* angedrückt und der Strom geschlossen werden, damit man eine *Beugung der Zehen* erzielt (s. Punkt 12b und c). Schließlich werden die *kurzen Muskeln der Fußsohle*, welche die Zehen beugen, gereizt (s. Punkt 14). Hierbei wird man die obere Elektrode vielfach in der Kniekehle belassen, da an der Ferse der Hautwiderstand sehr groß ist. — Wie man die übrigen Muskelgruppen mit galvanischer Längsdurchströmung behandelt, geht aus Tabelle 1 und Abb. 17 und 18 hervor.

Schwierigkeiten bei der galvanischen Behandlung. Leider ist es nicht immer möglich, durch die galvanische Behandlung jene Bewegungen auszulösen, die der Verletzte nicht ausführen kann. Oft muß man zufrieden sein, wenn sich die gelähmten Muskeln schwach zusammenziehen, ohne deutliche Bewegungen im Gefolge zu haben. Mit besonderer Sorgfalt ist in diesen Fällen die günstigste Lage der Elektroden ausfindig zu machen. Es kann sein, daß kräftigere Muskelzuckungen auftreten, wenn man die Unterbrecherelektrode *etwas höher* als in Tabelle 1 angegeben wurde, also mehr auf den Muskel selbst aufsetzt. Hin und wieder kommt man dagegen besser zum Ziele, wenn man sie noch *tiefer* anbringt. Auch für die obere Elektrode ist manchmal eine andere (höhere oder tiefere) Lage günstiger. Gelegentlich sind die Muskelzuckungen ausgiebiger, wenn der Strom *gewendet* wird, so daß also der positive Pol an der Unterbrecherelektrode liegt.

Bei der galvanischen Reizung gelähmter Muskeln entstehen manchmal Bewegungen, die jenen, die man hervorrufen will, *entgegengesetzt* sind. Es kommt z. B. vor, daß bei der Behandlung der an der Streckseite des Unterarmes gelegenen Muskeln nicht eine langsame Streckbewegung der Hand und der Finger erzielt wird, sondern eine rasche *Beugung*. In diesen Fällen sind die gelähmten Muskeln derart unempfindlich für den galvanischen Strom, daß gesunde Muskeln der Gegenseite viel stärker durch ihn angeregt werden.

Um zu erreichen, daß sich die *gelähmten* Muskeln zusammenziehen, muß man hier mit *verzögert ansteigenden* galvanischen Strömen reizen, die für gelähmte Muskeln wirksam sind, von den gesunden Muskeln aber nicht beantwortet werden[1]. Dort, wo Einrichtungen zur Erzeugung verzögert ansteigender galvanischer Reize nicht vorhanden sind, versuche man zur Beseitigung des „Durchschlagens" folgendes:

1. Wendung des Stromes.

2. Reizung mit zwei kleinflächigen, in engem Abstand auf den gelähmten Muskel gesetzten Elektroden.

3. Vertauschen der beiden Elektroden: Bei der Behandlung der Streckmuskeln des Unterarmes würde man also das Durchschlagen dadurch zu beseitigen suchen, daß man die indifferente Elektrode oberhalb der Streckseite des Handgelenkes, die Reizelektrode dagegen auf den Streckerwulst selbst aufsetzt.

Mit einer dieser Maßnahmen kommt man vielfach noch zum Ziele.

b) Die galvanische Reizung der Muskeln an den motorischen Reizpunkten.

Die im Abschnitt 17a geschilderte Art der galvanischen Behandlung ist nur dann die günstigste, wenn der betreffende Muskel mit seinem Nerven nicht mehr in Verbindung steht und komplette Entartungsreaktion zeigt. Wenn die auswachsenden Nervenfasern den Muskel aber teilweise wieder erreicht haben und damit die *Beweglichkeit wiederkehrt*, dann kann folgende Anordnung besser sein: Man setzt eine großflächige Elektrode auf

---

[1] Geeignete, den üblichen Elektrisierapparaten vorzuschaltende Induktionsspulen stellt neuerdings die Firma Telefunken, Hannover, her.

das obere Ende des Muskels oder auf die Brust, die Unterbrecherelektrode dagegen *mitten auf den Muskel selbst*, also nicht mehr
auf sein unteres Ende. Bei der Behandlung der Muskeln an der
Beugeseite des Oberarmes muß dann beispielsweise nicht
mehr in der Gegend der Bicepssehne, sondern auf den Beugemuskeln selbst gereizt werden, und zwar an den in Abb. 22

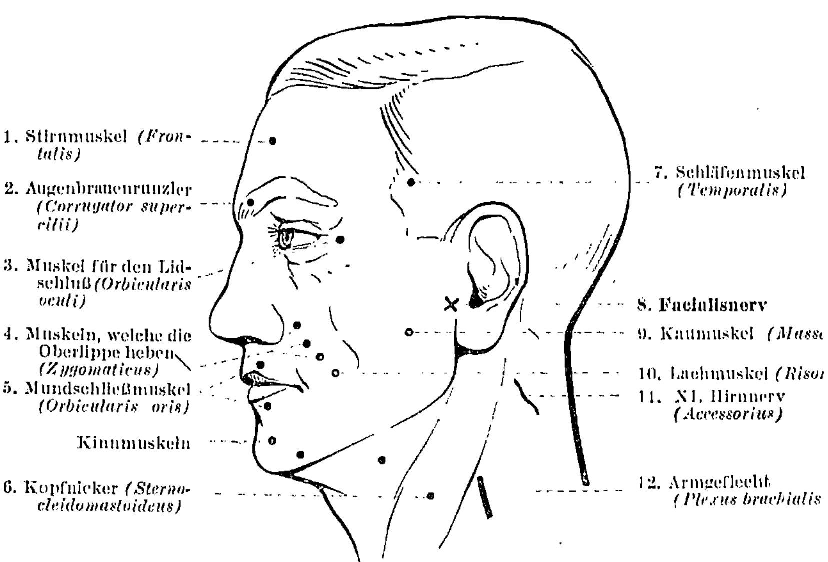

Abb. 19[1]. Eingezeichnet sind in Abb. 19 die Reizpunkte der Gesichtsmuskeln (Punkt 1—5
und 10), die bekanntlich der Facialisnerv (8) versorgt. Der Schläfenmuskel (Punkt 7)
preßt ebenso wie der Kaumuskel (Punkt 9) den Unterkiefer an den Oberkiefer beim Kauen.
Beide Muskeln sind nicht dem Facialisnerven, sondern dem 3. Aste des Drillingsnerven
unterstellt. Der XI. Hirnnerv (s. Punkt 11) versorgt den Kopfnicker (Punkt 6) und den
oberen Abschnitt des Trapezmuskels (s. Abb. 21, Punkt 1).

angegebenen Punkten 5 und 6. Zu jener Zeit also, wenn der Verletzte die vorher gelähmten Muskeln wieder bewegen kann, wird
man ab und zu den Versuch machen, ob nunmehr die Reizung
auf dem Muskel selbst günstiger wirkt. In Abb. 19—25 sind die
sog. motorischen Reizpunkte eingezeichnet, die den Eintrittsstellen der Nervenäste in die Muskeln entsprechen[2].

---

[1] Abb. 19—21 sind von Dr. med. E. Schuchardt gezeichnet worden.

[2] Mit den Abb. 19—25, in denen verschiedene, in den Abschnitten 4—8
nicht beschriebene Muskeln angeführt worden sind, mögen sich diejenigen
befassen, die mit der galvanischen Längsdurchströmung bereits vertraut geworden sind. Diese Abbildungen sind also für die Fortgeschrittenen zur
Weiterbildung und Vertiefung ihrer Kenntnisse in der Muskellehre bestimmt.

Tabelle 2. *Nervenreizpunkte.*

N. facialis	Dicht vor dem Ohrläppchen	s. Abb. 19, Punkt 8
Hals-Armgeflecht .	Oberhalb des Schlüsselbeines, hinter dem Kopfnicker	s. Abb. 19, Punkt 12
N. radialis.	Mitte der Außenseite des Oberarmes, dicht vor dem seitl. Rand d. 3 köpfigen Muskels oder auch etwas unterhalb dieser Stelle	s. Abb. 23, Punkt 18
N. medianus . . .	1. In der Mitte der Ellenbeuge, dicht einwärts v. d. Sehne des Bicepsmuskels od. auch ein wenig oberhalb v. dieser Stelle	s. Abb. 22, Punkt 19
	2. Mitte der Beugeseite des Handgelenkes ellenwärts v. d. Sehne des speichenwärtigen Handbeugers	s. Abb. 22, Punkt 22
N. ulnaris	1. In der Furche zwischen Musikantenknochen und Ellenbogen	s. Abb. 23, Punkt 6
	2. Dicht oberhalb der Beugeseite des Handgelenkes, nahe der Elle	s. Abb. 22, Punkt 23
N. femoralis	In der Mitte der Leistenbeuge oder ein wenig weiter nach innen	s. Abb. 25, Punkt 2
N. ischiadicus . . .	Dicht unterhalb der Gesäßfalte, in der Mitte zwischen Sitzbeinhöcker und großem Rollhügel	s. Abb. 24, Punkt 2
N. tibialis	1. In der Mitte der Kniekehle	s. Abb. 24, Punkt 6
	2. Zwischen dem inneren Knöchel und der Achillessehne	s. Abb. 24, Punkt 11
N. fibularis . . . . (Peronaeus)	An der äußeren Ecke der Kniekehle oder auch etwas tiefer, einwärts vom Wadenbeinköpfchen	s. Abb. 24, Punkt 14

c) Die galvanische Reizung der Nerven.

Nach Nervenschußverletzungen kann mit zunehmender Wiederherstellung auch die Möglichkeit wiederkehren, den Muskel durch galvanische *Reizung des zugehörigen Nerven* zur Tätigkeit zu bringen. Man setzt die Unterbrecherelektrode an einer Stelle auf, wo der Nerv dicht unter der Haut liegt. Diese Stellen, die sog. „Nervenreizpunkte", sind ebenfalls in Abb. 19—25 angegeben und außerdem in Tabelle 2 beschrieben. Manchmal hat die Reizung des Nerven eine *kräftigere* Wirkung als die unter b) geschilderte Art der Behandlung, aber in der Regel nur bei Muskeln, die schon wieder bewegt werden können!

d) Gleichzeitige galvanische Reizung der Nerven und Muskeln.

Die Hervorrufung von Muskelzuckungen hatten wir als die wichtigste Aufgabe der elektrischen Behandlung bei peripheren

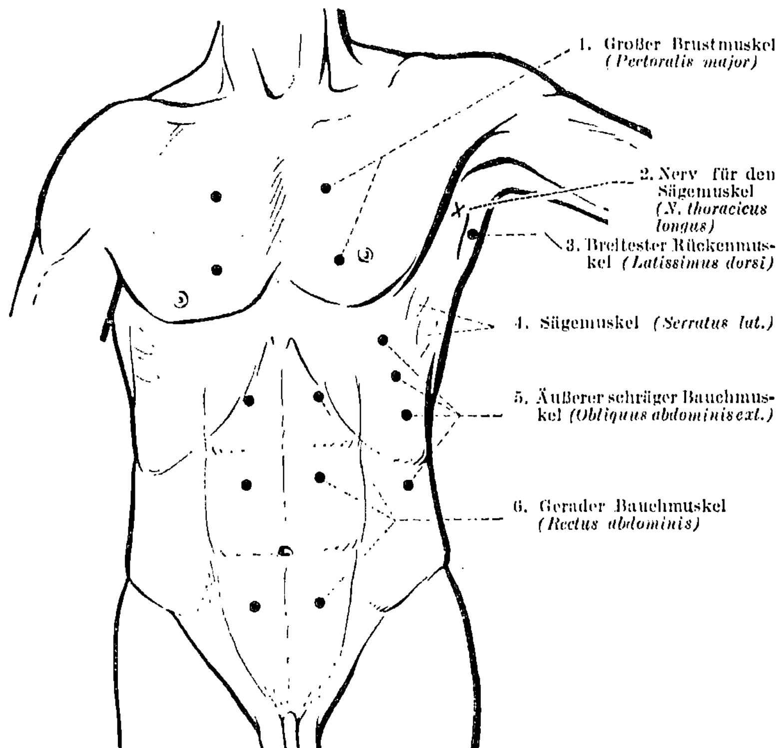

Abb. 20. Die in diese Abbildung eingezeichneten Muskeln sind zum Teil bereits in Abschnitt 4 (großer Brustmuskel, Sägemuskel, breitester Rückenmuskel) beschrieben worden. Der gerade Bauchmuskel (Punkt 6) vermag den Rumpf nach vorn zu beugen; beim Aufrichten aus dem Liegen muß dieser Muskel in Tätigkeit treten. Der äußere schräge Bauchmuskel stützt die Bauchwand in den seitlichen Abschnitten und vermag ebenfalls den Rumpf zu beugen und zu drehen.

Lähmungen betrachtet. Darüber hinaus kann aber möglicherweise auch das Nervenwachstum durch den galvanischen Strom angeregt und beschleunigt werden. Will man neben der galvanischen Muskelreizung gleichzeitig die verletzten Nerven vom Strom durchfließen lassen, so kann dies dadurch geschehen, daß die indifferente Elektrode nicht auf das obere Ende des Muskels, sondern *oberhalb der Verletzungsstelle des Nerven* aufgesetzt wird. Beispiel: Bei einer Lähmung der Radialismuskulatur des Unterarmes infolge Verletzung des N. radialis an der Rückseite des Oberarmknochens setzt man die Reizelektrode, wie früher beschrieben, oberhalb der Streckseite des Handgelenkes, die

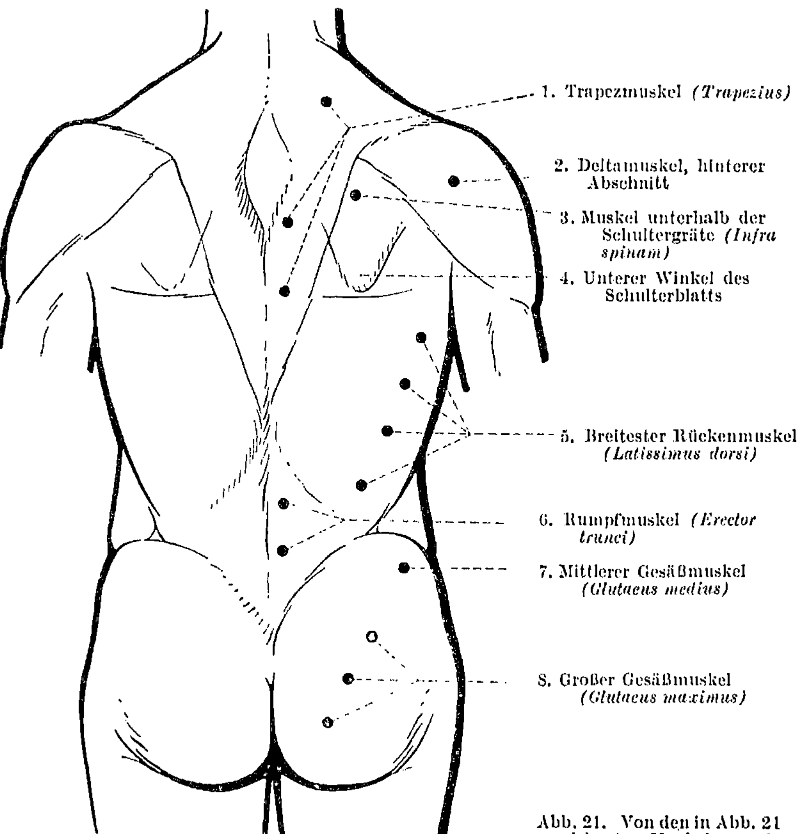

Abb. 21. Von den in Abb. 21 gezeichneten Muskeln wurde lediglich der Rumpfmuskel (s. Punkt 6) noch nicht erwähnt, der die Lendenwirbelsäule aufrichtet und ihr Halt gibt. Über den großen und den mittleren Gesäßmuskel s. Abschnitt 6.

(Erklärung zu Abb. 22 von S. 42.)

Abb. 22. Großer Brustmuskel (Punkt 17) und Deltamuskel (Punkt 1 und 2) wurden im Abschnitt 4 bereis erwähnt. An der Vorderseite (Beugeseite) des Oberarms liegt nicht nur der bekannte Bicepsmuskel mit seinen beiden Köpfen (s. Punkt 5 und 6), sondern außerdem der Rabenschnabelarmmuskel (Punkt 3), der ebenso wie der vordere Abschnitt des Deltamuskels den Oberarm nach vorn hebt und der Armmuskel (Punkt 7), der zusammen mit dem Biceps den Unterarm beugt. Der Oberarmspeichenmuskel (Punkt 8) wird zwar vom N. radialis versorgt, er ist aber gleichsam von der Streckseite des Ellenbogengelenkes soweit auf die Beugeseite hinübergerutscht, daß er den Unterarm *beugen* hilft. Alle anderen vom Radialis versorgten Muskeln wirken bekanntlich streckend. Die Muskeln, die die Hand und die Finger beugen und die bisher nur in ihrer Gesamtheit als Gruppe betrachtet wurden, kann man an Hand der Abb. 22 einzeln kennenlernen. Die Hand wird gebeugt durch den speichenwärtigen Handbeuger (Punkt 9) und den langen Hohlhandmuskel (Punkt 10), die beide vom N. medianus abhängen, sowie durch den ellenwärtigen Handbeuger (Abb. 23, Punkt 8), der dem N. ulnaris unterstellt ist. Der Reizpunkt des langen Daumenbeugers (Abb. 22, Punkt 12) gilt sowohl für den gesunden als auch für den gelähmten Muskel (s. auch Abb. 17, Punkt 4a). Die Muskeln, welche die Finger beugen (Abb. 22, Punkt 21) sind an verschiedenen Stellen des Unterarmes zu reizen. Die vom

(Fortsetzung S. 42.)

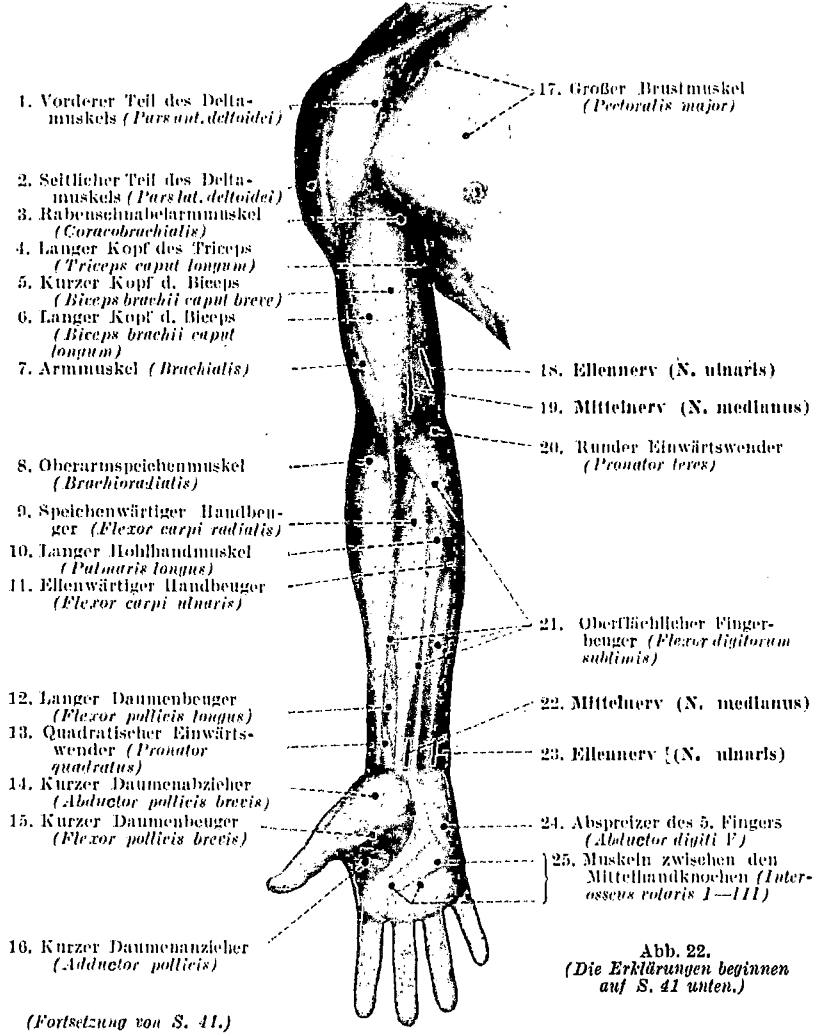

Abb. 22.
(Die Erklärungen beginnen auf S. 41 unten.)

(Fortsetzung von S. 41.)

N. ulnaris abhängigen Muskeln für die Beugung des 4. und 5. Fingers werden ein wenig unterhalb des Ellenbogens nahe der Elle gereizt (s. Punkt 9 in Abb. 23). Weiter wären 2 Muskeln zu erwähnen, die die Hand einwärts drehen (so daß die Hohlhand nach unten sieht) und die beide vom N. medianus abhängen, nämlich der runde (Punkt 20) und der quadratische Einwärtswender (Punkt 13). Kurzer Daumenabzieher (Punkt 14) und kurzer Daumenbeuger (Punkt 15) sind zwei vom N. medianus abhängige Muskeln des Daumenballens. Der kurze Daumenanzieher (Punkt 16) ist dagegen dem N. ulnaris unterstellt, der, wie wir schon gesehen haben, außerdem die Kleinfingerballenmuskeln (Punkt 24) und die Zwischenknochenmuskeln (Punkt 25) versorgt. Die Zwischenknochenmuskeln sind nur selten von der Hohlhand her elektrisch zu reizen; in der Regel muß man die Elektrode auf dem Handrücken in die Räume zwischen den Mittelhandknochen aufsetzen (s. Abb 23, Punkt 12), nach ALTENBURGER: Handbuch der Neurologie, Bd. III).

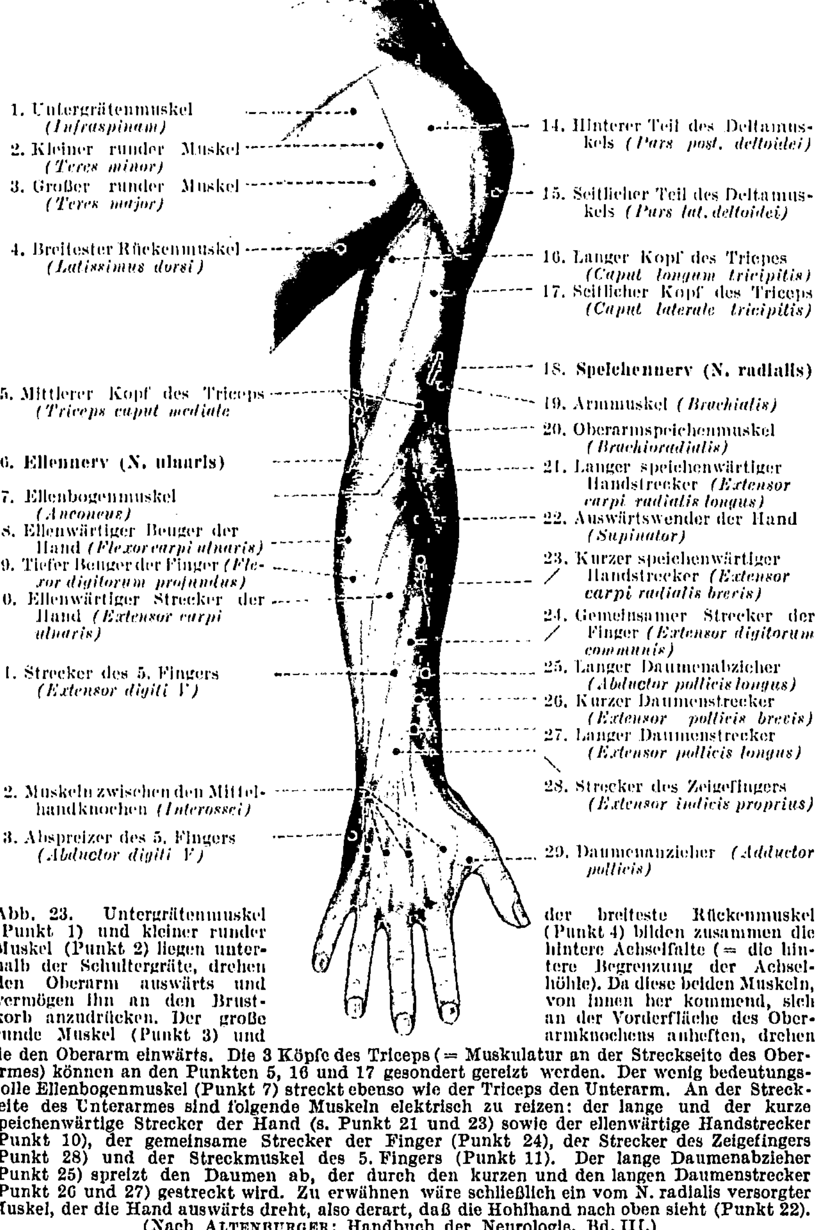

Abb. 23. Untergrätenmuskel (Punkt 1) und kleiner runder Muskel (Punkt 2) liegen unterhalb der Schultergräte, drehen den Oberarm auswärts und vermögen ihn an den Brustkorb anzudrücken. Der große runde Muskel (Punkt 3) und der breiteste Rückenmuskel (Punkt 4) bilden zusammen die hintere Achselfalte (= die hintere Begrenzung der Achselhöhle). Da diese beiden Muskeln, von innen her kommend, sich an der Vorderfläche des Oberarmknochens anheften, drehen sie den Oberarm einwärts. Die 3 Köpfe des Triceps (= Muskulatur an der Streckseite des Oberarmes) können an den Punkten 5, 16 und 17 gesondert gereizt werden. Der wenig bedeutungsvolle Ellenbogenmuskel (Punkt 7) streckt ebenso wie der Triceps den Unterarm. An der Streckseite des Unterarmes sind folgende Muskeln elektrisch zu reizen: der lange und der kurze speichenwärtige Strecker der Hand (s. Punkt 21 und 23) sowie der ellenwärtige Handstrecker (Punkt 10), der gemeinsame Strecker der Finger (Punkt 24), der Strecker des Zeigefingers (Punkt 28) und der Streckmuskel des 5. Fingers (Punkt 11). Der lange Daumenabzieher (Punkt 25) spreizt den Daumen ab, der durch den kurzen und den langen Daumenstrecker (Punkt 26 und 27) gestreckt wird. Zu erwähnen wäre schließlich ein vom N. radialis versorgter Muskel, der die Hand auswärts dreht, also derart, daß die Hohlhand nach oben sieht (Punkt 22). (Nach ALTENBURGER: Handbuch der Neurologie, Bd. III.)

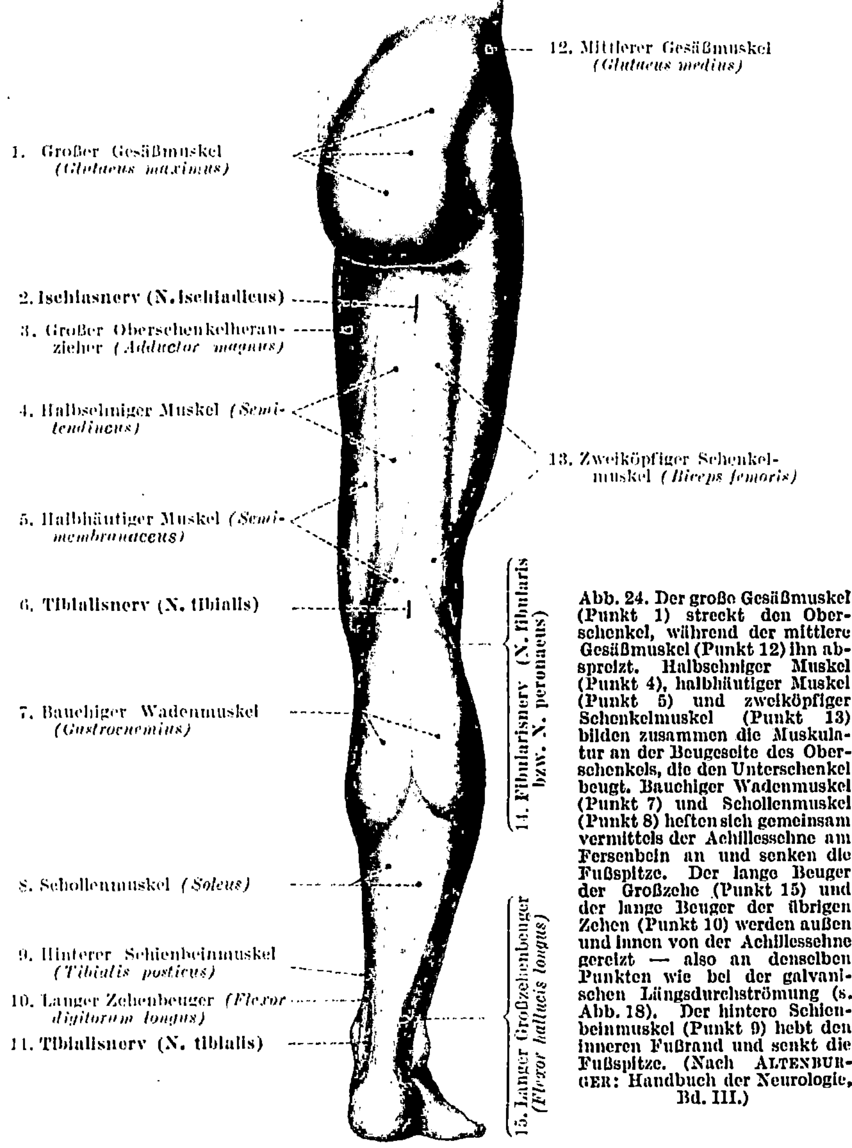

Abb. 24. Der große Gesäßmuskel (Punkt 1) streckt den Oberschenkel, während der mittlere Gesäßmuskel (Punkt 12) ihn abspreizt. Halbsehniger Muskel (Punkt 4), halbhäutiger Muskel (Punkt 5) und zweiköpfiger Schenkelmuskel (Punkt 13) bilden zusammen die Muskulatur an der Beugeseite des Oberschenkels, die den Unterschenkel beugt. Bauchiger Wadenmuskel (Punkt 7) und Schollenmuskel (Punkt 8) heften sich gemeinsam vermittels der Achillessehne am Fersenbein an und senken die Fußspitze. Der lange Beuger der Großzehe (Punkt 15) und der lange Beuger der übrigen Zehen (Punkt 10) werden außen und innen von der Achillessehne gereizt — also an denselben Punkten wie bei der galvanischen Längsdurchströmung (s. Abb. 18). Der hintere Schienbeinmuskel (Punkt 9) hebt den inneren Fußrand und senkt die Fußspitze. (Nach ALTENBURGER: Handbuch der Neurologie, Bd. III.)

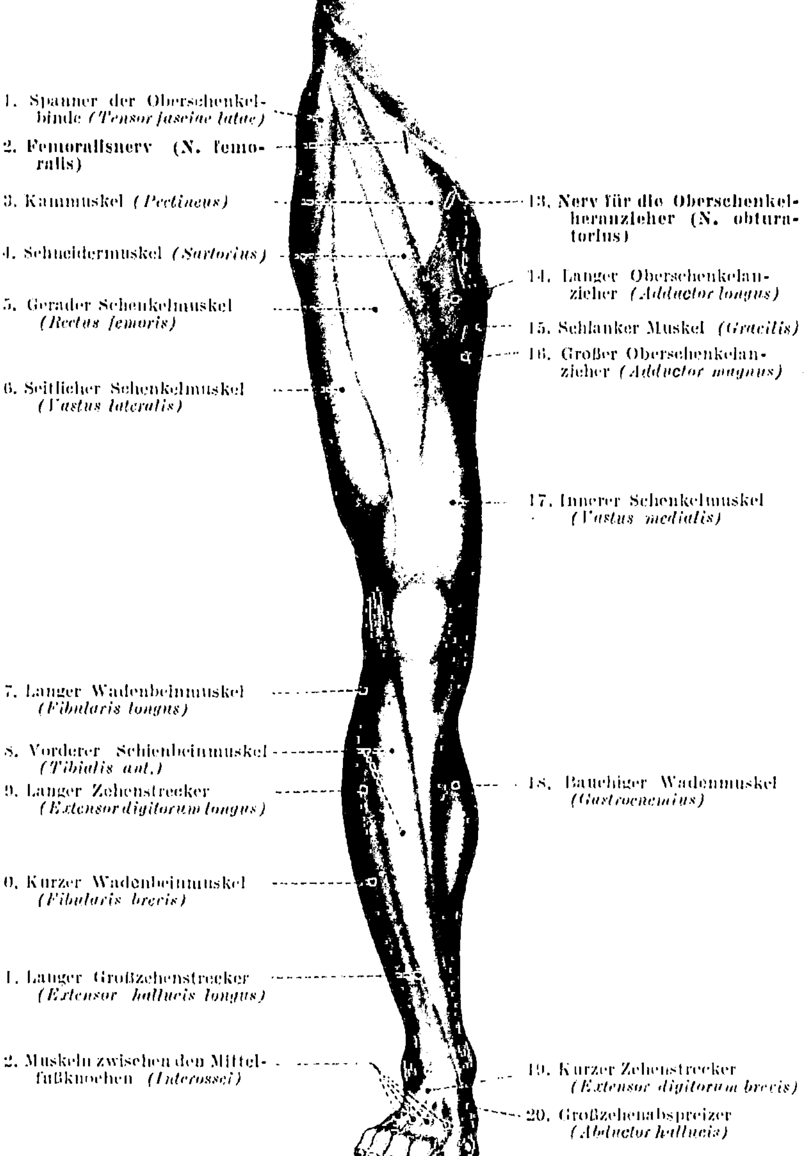

Abb. 25. *(Erklärung siehe nächste Seite.)*

indifferente Elektrode dagegen statt an der Außenseite des Ellenbogengelenkes auf die *Streckseite des Oberarmes* auf und erreicht damit, daß auch der *N. radialis* während der Übung der Muskeln galvanisch durchströmt wird.

Ein weiteres Beispiel: Bei einem Kranken ist die Wadenmuskulatur infolge Verletzung des Ischiasnerven unterhalb des Gesäßes gelähmt und soll galvanisch behandelt werden. Man setzt die obere Elektrode nicht, wie in Tabelle 1 angegeben, in der Gegend der Kniekehle, sondern *dicht unterhalb der Gesäßfalte* an der Stelle der Schußverletzung auf. Es wird dann während der Übung der Wadenmuskulatur durch galvanische Reize gleichzeitig der Ischiasnerv vom Strom durchflossen.

Diese Anordnung der Elektroden wird man aber nur dann treffen, wenn die Muskeln sich auch hierbei kräftig zusammenziehen. Anderenfalls muß man die in Tabelle 1 angegebene Elektrodenlage beibehalten und die galvanische Durchströmung des *Nerven* im Anschluß an die elektrische Übungsbehandlung der *Muskeln gesondert* vornehmen (s. Abschn. 18).

18. Die Behandlung mit dem faradischen Strom.

Die faradische Behandlung ist in folgenden Fällen am Platze:

1. Bei Lähmungserscheinungen auf Grund von Schädigungen der Pyramidenbahn im *Gehirn* und im *Rückenmark*. Hier sind die gelähmten Muskeln in der Regel ebensogut wie auf der gesunden Seite mit galvanischem und faradischem Strom zur Tätigkeit zu bringen; sie zeigen keine „Entartungsreaktion" und leiden auch nur wenig in ihrem Ernährungszustande, weil die Nervenstrecke

(Erklärung zu Abb. 25, S. 45.)

Abb. 25. Mehrere Muskeln an der Innenseite des Oberschenkels, der Kammuskel (Punkt 3), der lange Oberschenkelanzieher (Punkt 14), der schlanke Muskel (Punkt 15) sowie der große Oberschenkelanzieher (Punkt 16) drücken die Oberschenkel aneinander, wie z. B. beim Reiten. Der Spanner der Oberschenkelbinde (Punkt 1) vermag zusammen mit dem mittleren Gesäßmuskel (s. Abb. 24, Punkt 12) den Oberschenkel abzuspreizen. Der Schneidermuskel (Punkt 4) bringt Oberschenkel und Unterschenkel in jene Lage, wie sie für den Schneidersitz kennzeichnend ist. Die dem N. femoralis unterstellte Muskulatur an der Streckseite des Oberschenkels, die den Unterschenkel streckt, besteht aus dem geraden Schenkelmuskel (Punkt 5), dem seitlichen Schenkelmuskel (Punkt 6) und dem inneren Schenkelmuskel (Punkt 17). Vom N. fibularis (Peronaeus) sind folgende Muskeln abhängig: Der vordere Schienbeinmuskel, der den inneren Fußrand hebt (Punkt 8), der lange Großzehenstrecker (Punkt 11), der lange Strecker der 2. bis 5. Zehe (Punkt 9), langer und kurzer Wadenbeinmuskel (Punkt 7 u. 10), die beide den äußeren Fußrand heben, sowie am Fuß der kurze Zehenstrecker (Punkt 19). Die Aufgaben der Muskeln ergeben sich, soweit sie nicht aufgeführt worden sind, aus ihren Namen. Die Muskeln zwischen den Mittelfußknochen (Punkt 12) sowie der Großzehenabspreizer (Punkt 20) werden vom Tibialisnerven versorgt. (Nach ALTENBURGER: Handbuch der Neurologie, Bd. III.)

von der Vorderhornzelle im Rückenmark bis zum Muskel intakt ist. Man benutzt hier den *faradischen Strom*, durch dessen Wirkung sich der Muskel länger — für die Dauer des Stromschlusses — zusammenzieht. Die Behandlung muß aber sehr vorsichtig durchgeführt werden, da die Gefahr besteht, daß die in diesen Fällen zumeist vorhandene *krankhafte Spannuug der Muskeln* durch das Faradisieren verstärkt wird. Es sollten deshalb nur die Antagonisten (Gegenspieler) spastischer Muskeln faradisch gereizt werden; hier kann übrigens der faradische Schwellstrom Verwendung finden.

2. Es gibt auch Lähmungserscheinungen ohne jede Verletzung oder Erkrankung des Gehirns, Rückenmarks oder der Nerven. Wenn ein Körperteil sehr lange im Verband ruhiggestellt war, kann es sein, daß der Verletzte *verlernt hat*, ihn zu bewegen. Man redet dann von einer *Gewohnheitslähmung*. Auch hier ist die Behandlung mit dem *faradischen* Strom angezeigt. Ja, es kommt gelegentlich vor, daß Patienten sich nach einer Verletzung, die völlig harmlos war und in kurzer Zeit abheilte, oder auch im Anschluß an ein Schreckerlebnis eine Lähmung *einbilden*. Meist wird allerdings der Arzt die Behandlung derartiger „psychogener Lähmungen" selbst übernehmen und gleichzeitig mit dem Faradisieren den Betreffenden seelisch zu beeinflussen suchen.

3. In manchen Fällen kann die faradische Behandlung auch bei peripheren Lähmungen angewandt werden, nämlich dann, wenn der Nerv schon weitgehend wieder gewachsen ist, die Muskulatur nur noch eine gewisse Schwäche zeigt und *sich einwandfrei auf die faradische Reizung hin zusammenzieht*. Niemals darf man aber den Fehler machen, Muskeln zu faradisieren, die auf diese Stromart gar nicht ansprechen.

4. Bei Nervenschußverletzungen kann es wichtig sein, solche nicht gelähmten Muskeln faradisch zu behandeln, die die Aufgabe der gelähmten Muskeln übernehmen können. So ist bei Ulnarislähmungen durch eine energische faradische Behandlung des dem N. radialis unterstellten gemeinsamen Fingerstreckers häufig die Entstehung einer Krallenhand zu verhindern[1]. Die gelähmten vom Ulnaris versorgten Muskeln werden selbstverständlich *galvanisch* behandelt.

Beim einzelnen faradischen Reiz läßt man den Strom etwas länger eingeschaltet als beim Galvanisieren, nämlich für die Dauer einiger Sekunden. Für die Anordnung der Elektroden gibt es ebenso wie bei der galvanischen Behandlung drei Möglichkeiten:

---

[1] Dabei müssen die Fingergrundglieder in leichter Beugestellung festgehalten werden.

a) Die *Längsdurchströmung* ganzer Muskelgruppen mit dem faradischen Strom.

b) Häufiger wird die *faradische Reizung an den Eintrittsstellen der Nervenäste* in den Muskel angewandt: Man setzt eine großflächige Elektrode auf die Brust und die kleinflächige Unterbrecherelektrode auf die in Abb. 19—25 angegebenen motorischen Reizpunkte.

c) Sehr zweckmäßig ist auch die *faradische Reizung der* einzelnen *Nerven*, durch welche man gleichzeitig sämtliche, von diesem Nerven abhängige Muskeln üben kann. Über die „Nervenreizpunkte" geben Abb. 19—25 und Tabelle 2 Aufschluß.

Ein Beispiel für die unter c) genannte Art der Behandlung: Ein Patient hat verlernt, seinen Fuß zu bewegen, obgleich keine Nervenverletzung vorliegt. Man setzt die große Elektrode auf die Brust oder den Oberschenkel und reizt mit der Unterbrecherelektrode abwechselnd den *N. tibialis* in der Mitte der Kniekehle, wobei der Fuß kräftig gesenkt wird, und den *N. fibularis* hinter dem Wadenbeinköpfchen, wodurch man eine kräftige Hebung des Fußes und der Zehen erzielt. Dabei wird der Betreffende energisch *aufgefordert, die mit dem elektrischen Strom ausgelösten Bewegungen nachzumachen.*

19. Die galvano-faradische Behandlung.

Die galvano-faradische Behandlung ist dann angebracht, wenn sich Muskeln auf den faradischen Strom bereits wieder *schwach* zusammenziehen. Die gleichzeitige Durchströmung mit dem galvanischen und faradischen Strom hat dann oft den Vorteil, daß der Muskel kräftiger anspricht, als wenn man ihn nur faradisiert. Man erhält den galvano-faradischen Strom, wenn man am Elektrisierapparat den erwähnten Schalter mit den Bezeichnungen *GCF* auf *C* einstellt.

Besitzt der Apparat einen derartigen Schalter nicht, sondern getrennte Klemmen für den galvanischen und faradischen Strom, dann ist folgendermaßen vorzugehen: Man verbindet den positiven Pol des galvanischen mit dem negativen Pol des faradischen Stromes. An den negativen Pol des galvanischen Stromes wird die Unterbrecherelektrode und an den positiven faradischen Pol die großflächige Elektrode angeschlossen. (Man hat dann die galvanische und faradische Apparatur hintereinander geschaltet.)

Bei der galvano-faradischen Behandlung stellt man zunächst *nur den galvanischen Strom* an, und zwar so stark, daß er deutliche Muskelzuckungen hervorruft. Anschließend wird der faradische Strom hinzugenommen, also bei den meisten Apparaten durch Umschaltung von der Stellung *G* auf die Stellung *C*, und

zwar in solcher Stärke, daß sich die Muskeln für die Dauer der
Einschaltung des Stromes kräftig zusammenziehen. Im übrigen ver-
fährt man genau so wie bei der faradischen Behandlung sonst auch.

20. Die Dauerdurchströmung
mit dem galvanischen Strom. („Stabile Galvanisation".)

Wir haben uns bisher nur mit der galvanischen Reizung von
Muskeln und Nerven befaßt. Der galvanische Strom wird aber
auch noch zu anderen Zwecken, nämlich zur *Bekämpfung von
Neuralgien und Neuritiden* angewandt. Hierbei läßt man *schwache*
galvanische Ströme über längere Zeit hin fließen.

**a) Galvanische Behandlung zur Bekämpfung von Nerven-
schmerzen.** Bei Kopfschmerzen und Kopfdruck wirkt oft die
Kopfgalvanisation lindernd. Eine große, biegsame Elektrode wird
quer über die Stirn gelegt, eine zweite große Elektrode dagegen
im Nacken angebracht. Beide Elektroden müssen unbedingt fest
anliegen, etwa mit einer elastischen Binde gut befestigt sein. Der
galvanische Strom wird nun *ganz langsam* so weit eingeschaltet,
bis das Meßinstrument 1—2 Milliampere anzeigt. Nach einer
Zeit von 10—15 Minuten wird der Strom *ganz langsam* wieder
ausgeschaltet. Stromstärke und Zeitdauer der Behandlung werden
im einzelnen vom Arzt vorgeschrieben. Während der Behandlung
muß man fortlaufend das Milliamperemeter beobachten, denn es
kommt vor, daß die Stromstärke von selbst *ansteigt* (dadurch, daß
der *Widerstand* der Haut unter dem Einfluß des galvanischen
Stromes *geringer* wird). Es ist dann der vorgeschriebene Wert
von beispielsweise 2 Milliampere wieder einzustellen.

Sehr günstig kann die Durchströmung mit schwachen galvanischen Strömen auch *bei Neuralgien des Armgeflechtes und der
Armnerven* wirken. Man legt eine große, biegsame Elektrode auf
die Schulter und an die seitliche Halsgegend und bringt eine
zweite große Elektrode an der Innenseite des Oberarmes oder
auch am Unterarm bzw. an der Hand an. An die obere Elektrode
wird der positive, an die untere dagegen der negative Pol angeschlossen. Wie bei der Kopfgalvanisation ist auf langsames
Ein- und Ausschalten des Stromes zu achten. Die untere Elektrode kann man dadurch ersetzen, daß man den Arm in eine mit
heißem Wasser (43°) gefüllte *Armbadewanne* eintauchen läßt, in
welche der elektrische Strom mit Hilfe einer metallischen Platte
eingeleitet wird (galvanisches Armbad, s. Abb. 26). Auch der faradische Strom wird zu derartigen Armbädern benutzt (faradisches
Armbad).

Die beschriebene Methode kann auch Anwendung finden zur Behandlung von Schmerzzuständen im Verlauf des *Ischiasnerven.* Man legt eine großflächige Elektrode unter das Gesäß oder an die Rückseite des schmerzenden Oberschenkels, während der Unterschenkel in eine Fußbadewanne bzw. einen Eimer eintaucht. Wieder wird an die obere Elektrode der positive Pol (der schmerzlindernd wirkt) und an die untere Elektrode, die sich in der Fußbadewanne befindet, der negative Pol angeschlossen (s. Abb. 27). Im allgemeinen ist die galvanische Behandlung von Nerven-

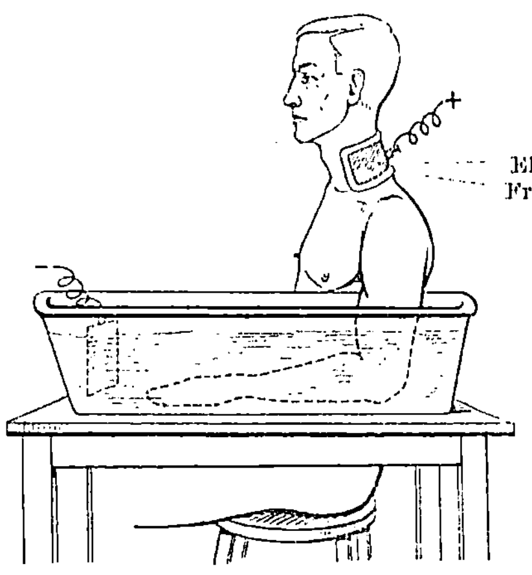

Abb. 26. Galvanisches Armbad.

schmerzen (Neuralgien) in den letzten Jahren durch die Kurzwellenbehandlung verdrängt worden. Man wolle sich ihrer dort erinnern, wo ein Kurzwellenapparat nicht zur Verfügung steht.

b) Das Vierzellenbad. Die Durchführung der galvanischen Dauerdurchströmung kann in sehr praktischer Weise in Form des Vierzellenbades geschehen. Man benötigt für diese Art der Behandlung neben einem erdschlußfreien (!) Elektrisierapparat 4 Wannen (2 für die Unterarme und 2 für die Füße und Unterschenkel), die mit warmem Wasser gefüllt werden. An den Wänden dieser Wannen sind berührungssicher Kohleplatten angebracht, die mit dem Elektrisierapparat verbunden werden. Es dient dann die gesamte unter dem Wasserspiegel liegende Haut dem Stromeintritt, so daß die Stromdichte gering ist; dementsprechend werden recht hohe Stromintensitäten (10—30 mA) schmerzlos vertragen.

Die Schaltung kann in verschiedener Weise vorgenommen
werden. In der Regel verbindet man 2 Wannen, z. B. rechten
Arm und linkes Bein mit dem negativen und die beiden anderen
(linken Arm und rechtes Bein) mit dem positiven Pol. Es sind
aber auch zahlreiche andere Schaltkombinationen möglich; so

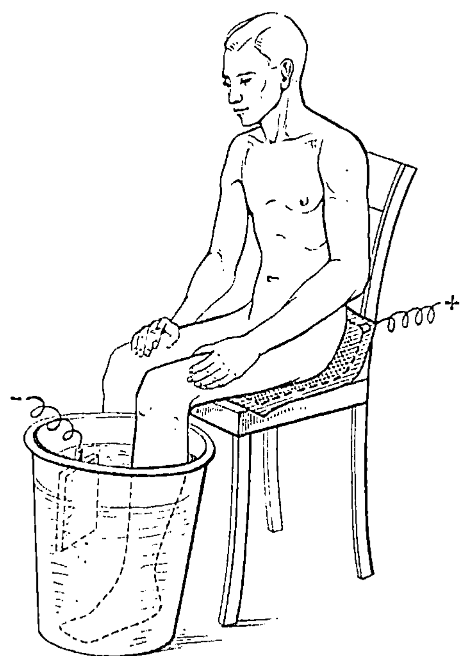

Abb. 27. Behandlung des schmerzenden Ischiasnerven mit galvanischem Strom.

kann man den Strom auf eine Extremität konzentrieren, indem
man nur mit dieser den einen Pol und mit den übrigen 3 den
anderen Pol verbindet. Bei Neuritiden wird zweckmäßigerweise
der positive, erregbarkeitsherabsetzende Pol dem schmerzenden
Körperteil zugeführt. Das Vierzellenbad hat sich bewährt bei
Neuralgien, insbesondere aber bei den sehr lästigen „Akro-
parästhesien" (Mißempfindungen in den Gliedmaßen, die auf
Durchblutungsstörungen beruhen), beim intermittierenden Hin-
ken, erhöhtem Blutdruck und schließlich zur Beruhigung bei
allgemeiner Nervosität. Dauer 15—20 Minuten; auf langsames
Ein- und Ausschalten des Stromes ist auch hier zu achten. Auch
kleinste Wunden oder Rhagaden an den Gliedmaßen verbieten
die Durchführung des Vierzellenbades.

21. Die wichtigsten Muskeln (Ursprung, Ansatz, Wirkung) und ihre nervöse Versorgung.

Muskeln zur Bewegung des Schulterblatts (Scapula) und des Oberarms (Humerus).

Muskel (Nerv)	Ursprung	Ansatz	Wirkung
Trapezius = Trapezmuskel (XI. Hirnnerv und Äste des Hals-Nervengeflechtes)	Nackenband, Lig. supraspinale (= Band auf den Dornfortsätzen) vom Hinterhauptshöcker bis zum 12. Brustwirbel	Äußerer Abschnitt der Clavicula (= Schlüsselbein), Akromion (= Schulterhöhe), Spina scapulae (= Schultergräte)	Hebung des Akromions durch den oberen Teil. Annäherung der Schulterblätter zur Wirbelsäule. Der untere Winkel des Schulterblatts rückt etwas nach außen und vorn
Levator scapulae = Schulterblattheber (N. dorsalis scapulae)	Querfortsätze des 1. bis 4. Halswirbels	Oberer innerer Winkel des Schulterblatts	Hebt das Schulterblatt nach vorn und oben (zusammen mit dem oberen Trapeziusabschnitt)
Rhomboides = Rautenmuskel (N. dors. scapulae)	Dornfortsätze des 6. und 7. Halswirbels und 1. bis 4. Brustwirbels	Innerer Rand des Schulterblatts	Hebt das Schulterblatt schräg nach medial oben
Latissimus dorsi = breitester Rückenmuskel (N. thoracodorsalis)	Dornfortsätze des 6. Brustbis 5. Lendenwirbels, Fascia lumbodorsalis, Darmbeinkamm, Außenfläche d. 3 untersten Rippen	Crista des Tuberculum minus (= Leiste des kleinen Hökkers) am Oberarmknochen	Abwärtsbewegung des erhobenen Arms, Einwärtsrollung und Rückwärtsbewegung des herabhängenden Arms
Serratus lateralis = seitlicher Sägemuskel (N. thoracicus longus)	Mit einzelnen Zacken von der 1.—9. Rippe	Innerer Rand des Schulterblatts	Ergänzungsbewegung der Scapula beim Heben des Arms über die Horizontale; Scapula rückt insgesamt nach vorn und wird durch starkes Vorrücken des unteren Winkels gedreht

Pectoralis major = großer Brustmuskel (Nn. thoracales anteriores)	Mediale Hälfte des Schlüsselbeins, Brustbein und 1. bis 6. Rippenknorpel, vorderes Blatt der Scheide des Rectus abdominis	Crista tuberculi majoris = Leiste des großen Höckers am Oberarmknochen	Adduktion und Einwärtsrollung des Oberarms
Pectoralis minor = kleiner Brustmuskel (Nn. thoracales ant.)	Vorderes Ende der 3. bis 5. Rippe	Processus coracoides scapulae = Rabenschnabelfortsatz des Schulterblatts	Zieht das Schulterblatt nach vorn und abwärts, verhindert Aufwärtsbewegung der Scapula beim Aufstützen des Körpers auf die Arme
Deltoides = Deltamuskel (N. axillaris)	Schlüsselbein, Akromion, Schultergräte	Tuberositas deltoidea am Oberarmknochen	Hebung des Oberarms nach vorn, zur Seite (bis zur Waagerechten), nach rückwärts
M. supra spinam = Obergrätenmuskel (N. suprascapularis)	Fossa supra spinam = Grube über der Schultergräte	Tuberculum majus des Oberarms und Gelenkkapsel	Hebung des Oberarms, Auswärtsrollung
M. infra spinam = Untergrätenmuskel (N. suprascapularis)	Fossa infra spinam = Grube unter der Schultergräte	Tuberculum majus am Oberarm	Auswärtsrollung sowie Adduktion des Arms
Teres minor = kleiner runder Muskel (N. axillaris)	Lateraler Rand des Schulterblatts	Tuberculum majus	Außenrollung und Anziehung des Arms
Teres major = großer runder Muskel (N. thoracodorsalis)	Außenfläche des unteren Schulterblattwinkels	Crista des Tuberculum minus	Einwärtsrollung und Anziehung des Oberarms
Subscapularis = Unterschulterblattmuskel (N. subscapularis)	Fossa subscapularis (Grube unter dem Schulterblatt)	Tuberculum minus am Oberarmknochen	Einwärtsrollung des Oberarms

Nervus musculocutaneus.

Coracobrachialis = Rabenschnabelarmmuskel	Rabenschnabelfortsatz des Schulterblatts	An der Vorderfläche des Humerus[1](unterhalb der Crista des Tuberculum minus)	Vorheben des Oberarms

---

[1] Humerus = Oberarmknochen.

Muskel	Ursprung	Ansatz	Wirkung
Brachialis = Armmuskel	Seitenfläche u. Vorderfläche des Humerus unterhalb des Deltoidesansatzes	Elle (Tuberositas ulnae)	Beugung des Unterarms
Biceps brachii = zweiköpfiger Armmuskel a) Caput longum, langer Kopf b) Caput breve, kurzer Kopf	Oberhalb der Schultergelenkspfanne Rabenschnabelfortsatz des Schulterblatts	Speiche (Tuberculum des Radius)	Beugung des Unterarms, Supination (Auswärtswendung) der Hand, Vorhebung des Oberarms

Nervus radialis.

Muskel	Ursprung	Ansatz	Wirkung
Triceps = dreiköpfiger Muskel a) Caput longum (langer Kopf) b) Caput radiale (speichenwärtiger Kopf) c) Caput ulnare (ellenwärtiger Kopf)	Dicht unterhalb der Gelenkpfanne am Schulterblatt Hinterfläche des Humerus oberhalb der Furche für den N. radialis Hinterfläche des Humerus, unterhalb der Furche für den N. radialis	Olecranon (= Ellenbogen)	Streckung des Ellenbogengelenks
Brachioradialis = Oberarmspeichenmuskel	Laterale Kante des Humerus und Septum intermusculare radiale	Griffelfortsatz der Speiche	Beugung im Ellenbogengelenk, Supination der pronierten (einwärtsgedrehten) Hand
Extensor carpi radialis longus = langer speichenwärtiger Handstrecker	Laterale Kante des Humerus bis herab zum Epicondylus radialis	Basis des 2. Mittelhandknochens	Dorsalbewegung der Hand; Unterstützung der Beugung im Ellenbogengelenk
Extensor carpi radialis brevis = kurzer speichenwärtiger Handstrecker	Epicondylus[1] radialis humeri, Ligamentum annulare radii (ringförmiges Band der Speiche)	Basis des 3. Mittelhandknochens	

Supinator = Auswärts-wender	Proximaler Teil der Ulna (oberer Teil der Elle)	Wickelt sich von hinten her um den Radius, an dessen Beugeseite er ansetzt	Supination (= Auswärts-wendung) der Hand
Extensor digitorum communis und Extensor digiti V propr. = gemeinsamer Fingerstrecker und Kleinfingerstrecker	Epicondylus radialis humeri und Unterarmfascie	Streckaponeurose des 2. bis 5. Fingers	Streckung der Finger, bei dorsal flektierter Hand nur im Grundgelenk, Unterstützung der Streckung im Handgelenk
Extensor carpi ulnaris = ellenwärtiger Handstrecker	Wie Extensor dig. comm. sowie von der Ulna	Basis des 5. Mittelhandknochens	Streckung und ulnare Abduktion der Hand
Abductor pollicis longus = langer Daumenabzieher		Basis des 1. Mittelhandknochens	Abduktion des 1. Mittelhandknochens
Extensor pollicis brevis = kurzer Daumenstrecker	Dorsalfläche des Radius, der Zwischenknochenhaut u. der Ulna	Basis der Grundphalanx	Streckung des Daumengrundgliedes
Extensor pollicis longus = langer Daumenstrecker		Endphalanx des Daumens	Streckung beider Daumenglieder, Hebung des ganzen Daumens handrückenwärts
Extensor indicis propr. = Zeigefingerstrecker	Ulna	Streckaponeurose des 2. Fingers	Streckung und Adduktion des 2. Fingers

Nervus medianus.

Pronator teres = runder Einwärtswender	Epicondylus ulnaris (= medialis) humeri	Außenrand des Radius	Pronation (Einwärtswendung) der Hand
Flexor carpi radialis = speichenwärtiger Handbeuger	Epicondylus und Unterarmfascie	Basis des 2. Mittelhandknochens	Beugung und radiale Abduktion der Hand
Palmaris longus = langer Hohlhandmuskel	Epicondylus und Unterarmfascie	Hohlhandfascie	Beugung der Hand und Spannung der Hohlhandfascie
Flexor digitorum superficialis = oberflächlicher Fingerbeuger	Epicondylus ulnaris, Radius und Ulna	Mit zwei Schenkeln an der volaren Fläche der Fingermittelglieder	Beugung der Mittelgelenke, Grundgelenke und des Handgelenks

---

[1] Höcker auf dem Gelenkfortsatz.

Muskel (Nerv)	Ursprung	Ansatz	Wirkung
Flexor digitorum profundus II und III = tiefer Fingerbeuger	Volarfläche (Beugefläche) der Ulna, aponeurotische Fascie des Unterarms	Basis der Endphalangen (nach Perforation des Flexor superficialis am Grundglied)	Beugung aller Gelenke des 2. bis 3. Fingers und des Handgelenkes
Flexor pollicis longus = langer Daumenbeuger	Volarfläche des Radius und Membrana interossea (Zwischenknochenhaut)	Basis der Endphalanx des Daumens	Beugung des Daumenendgliedes (isoliert bei gleichzeitiger Anspannung des Extensor pollicis brevis)
Pronator quadratus = quadratischer Einwärtswender	Volare Fläche der Ulna	Volare Fläche des Radius	Pronation der Hand
Abductor pollicis brevis = kurzer Daumenabzieher	} Ligamentum carpi transversum (queres Handwurzelband) und Mittelhandknochen	Sesambeine in der Kapsel des Daumengrundgelenkes	Abduktion des Daumens
Flexor pollicis brevis (oberflächlicher Kopf) = kurzer Daumenbeuger		Sesambeine in der Kapsel des Daumengrundgelenkes	Beugung des Grundglieds, Streckung des Endglieds, Opposition des 1. Mittelhandknochens
Opponens pollicis = Gegensteller des Daumens		Radialrand des Metacarpale I ·(= 1. Mittelhandknochen)	Opposition des 1. Mittelhandknochens und damit des Daumens
Lumbricales I und II = Regenwurmmuskeln	Radialrand der Sehnen des tiefen Fingerbeugers	Einstrahlung in die Streckaponeurose (= Strecksehne) von radial her	Beugung des Grundglieds und Streckung des Endglieds

Nervus ulnaris.

Muskel (Nerv)	Ursprung	Ansatz	Wirkung
Flexor carpi ulnaris = ellenwärtiger Handbeuger	Epicondylus ulnaris humeri und Unterarmfascie	Os pisiforme (Erbsenbein)	Beugung bzw. ulnare Abduktion der Hand
Flexor digitorum profundus des 4. und 5. Fingers	Volare Fläche der Elle, Membrana interossea, Unterarmfascie	Endglied des 4. und 5. Fingers	Beugung im Mittelglied, Endglied und Grundglied des 4. und 5. Fingers

Abductor = Abzieher, Flexor = Beuger, Opponens = Gegensteller des Kleinfingers	Hakenbein, Erbsenbein, Ligamentum carpi transversum	Ulnarand der Grundphalanxbasis, Außenrand des 5. Mittelhandknochens	Abspreizung des 5. Fingers, Anhebung des 5. Mittelhandknochens
Interossei dorsales = Zwischenknochenmuskeln des Handrückens	An den einander zugekehrten Seiten von zwei Mittelhandknochen	Basis der Grundphalanx sowie Dorsalaponeurose (= Strecksehne)	Spreizung von der Mittelfingerachse, Beugung im Grundgelenk, Streckung im Mittel- und Endgelenk
Interossei volares = Zwischenknochenmuskeln der Handtellerseite	Ulnarseite des 2., Radialseite des 4. und 5. Mittelhandknochens		Adduktion des 2., 4. und 5. Fingers an den Mittelfinger, Beugung im Grundgelenk, Streckung im Mittel- und Endgelenk
Adductor pollicis brevis = kurzer Daumenanzieher	Das Caput transversum entspringt am 3. Mittelhandknochen, das Caput obliquum von den Handwurzelknochen(im Sulcus carpi)	Ulnares Sesambein am Daumengrundgelenk	Adduktion des Daumens an den Zeigefinger
Flexor pollicis brevis (tiefer Kopf)	Grund des Canalis carpi (von einigen Handwurzelknochen)	An beiden Sesambeinen in der Kapsel des Daumengrundgelenkes	Beugung des Grundglieds, Streckung des Endglieds, Opposition
Lumbricales IV, V	s. unter N. medianus		

Nervus glutaeus cranialis und caudalis.

Glutaeus maximus = großer Gesäßmuskel (N. glutaeus caudalis)	Bandmassen zwischen Darm- und Kreuzbein	Tuberositas glutaea (Rauhigkeit an der Rückseite des Oberschenkelknochens)	Streckung und Außenrollung des Oberschenkels
Tensor fasciae latae = Spanner der Oberschenkelbinde (N. glutaeus cranialis)	Außenfläche der Spina iliaca ant. superior (vorderer oberer Darmbeinstachel)	Der Muskel geht in die breite Fascie (Fascia lata) an der Außenseite des Oberschenkels über	Beugung des Oberschenkels; Feststellung des gestreckten Kniegelenkes
Glutaeus medius = mittlerer Gesäßmuskel (N. glutaeus cranialis)	Außenfläche des Darmbeins	Trochanter major (großer Rollhügel)	Abspreizung des Oberschenkels; Fixierung des Beckens beim Gang. Einwärtsrollung des Oberschenkels durch den vorderen Teil.

Muskel (Nerv)	Ursprung	Ansatz	Wirkung
Glutaeus minimus = kleiner Gesäßmuskel (N. glutaeus cranialis)	Außenfläche des Darmbeins, unterhalb des Glutaeus-Ursprungs	Trochanter major (großer Rollhügel)	Abspreizung des Oberschenkels; Fixierung des Beckens beim Gang

Nervus obturatorius.

Muskel (Nerv)	Ursprung	Ansatz	Wirkung
Obturator externus = äußerer Hüftlochmuskel	Außenseite der Membrana obturans (= bedeckende Membran) und Umgebung des Foramen obturatum	Fossa trochanterica (= Grube an der medialen Fläche des großen Rollhügels)	Außenrollung des Oberschenkels
Pectineus = Kammuskel (wird auch vom N. femoralis versorgt)	Kamm des Schambeins	Unterhalb des kleinen Rollhügels am Oberschenkelknochen	Beugung und Adduktion des Oberschenkels
Adductor longus = langer Anzieher	Am Schambein unterhalb des Tuberculum und an der Symphyse (= Schambeinfuge)	Leiste an der Rückseite des Oberschenkelknochens (Crista femoris)	Beugung und Adduktion des Oberschenkels
Gracilis = schlanker Muskel	Innere Kante des unteren Schambeinastes	Tuberositas tibiae (Rauhigkeit des Schienbeins)	Adduktion und Einwärtsrollung des Oberschenkels. Beugung und Einwärtsrollung des Unterschenkels
Adductor brevis = kurzer Anzieher	Unterer Schambeinast	Leiste an der Rückseite des Oberschenkelknochens	Adduktion und Beugung des Oberschenkels
Adductor magnus = großer Anzieher	Unterer Schambeinast und Sitzhöcker	Leiste an der Rückseite des Oberschenkelknochens sowie innerer Epicondylus des Femur	Adduktion und Streckung des Oberschenkels

Nervus femoralis.

Muskel (Nerv)	Ursprung	Ansatz	Wirkung
Iliospoas a) Psoas major = großer Lendenmuskel	12. Brustwirbel und 1.—4. Lendenwirbel	Trochanter minor (kleiner Rollhügel)	Beugung und Auswärtsrollung des Oberschenkels. Aufrichtung des Körpers aus der Rückenlage
b) Ilicus = Darmbeinmuskel	Innenfläche der Darmbeinschaufel		

Sartorius = Schneidermuskel	Dicht unter der Spina iliaca ventralis (= vorderer Darmbeinstachel)	Mediale Fläche des Schienbeins (Pes anserinus = Gänsefuß)	Beugung im Hüft- und Kniegelenk. Auswärtsrollung des Oberschenkels
Quadriceps femoris = vierköpfiger Schenkelmuskel a) Rectus femoris = gerader Schenkelmuskel	Tuberculum ilicum	Vermittels einer gemeinsamen Endsehne, des Ligamentum patellae an der Tuberositas tibiae	Streckung des Unterschenkels; der Rectus femoris wirkt außerdem beugend auf das Hüftgelenk
b) Vastus tibialis (medialis)	Mediale Lippe der Crista femoris		
c) Vastus fibularis (lateralis)	Laterale Lippe der Crista femoris		
d) Vastus intermedius	Vordere und laterale Fläche des Femur		

Nervus ischiadicus.

Die Musculi gemelli, Obturator internus und Quadratus femoris, sämtlich Außenroller des Oberschenkels, werden hier nicht näher beschrieben, da sie der Elektrotherapie nicht zugänglich sind.

Semitendineus = halbsehniger Muskel[1]	Tuber ossis ischii (Sitzhöcker)	Die Sehne strahlt hinter der Gracilissehne in den Pes anserinus ein, setzt also am Schienbein an	Beugung des Kniegelenkes, Streckung im Hüftgelenk; Einwärtsrollung des gebeugten Unterschenkels
Semimembranaceus = halbhäutiger Muskel[1]	Tuber ossis ischii	Tibia und Gelenkkapsel des Kniegelenkes	
Biceps femoris = zweiköpfiger Schenkelmuskel a) Caput longum = langer Kopf[1]	Tuber ossis ischii	Wadenbeinköpfchen	Beugung des Kniegelenks, Streckung im Hüftgelenk; Auswärtsrollung des gebeugten Unterschenkels
b) Caput breve = kurzer Kopf[2]	Mittlerer Teil der Leiste an der Femurrückseite		

[1] Nervöse Versorgung: Tibialer Anteil des N. ischiadicus.
[2] Nervöse Versorgung: Fibularer Anteil des N. ischiadicus.

Nervus tibialis.

Muskel	Ursprung	Ansatz	Wirkung
Gastrocnemius = bauchiger Wadenmuskel Soleus = Schollenmuskel	Femurkondylen (= Knorren des Oberschenkelknochens) Fibulaköpfchen und Tibia	Vermittels der Achillessehne am Calcaneus (Fersenbein)	Senkung der Fußspitze sowie Supination und Adduktion des Fußes

Plantaris und Popliteus werden als weniger wichtig übergangen.

Muskel	Ursprung	Ansatz	Wirkung
Tibialis posterior = hinterer Schienbeinmuskel	Tibia (= Schienbein) Zwischenknochenmembran und Fibula (= Wadenbein)	Kahnbein und Keilbeine	Supination und Adduktion sowie geringe Plantarflexion des Vorfußes
Flexor digitorum longus = langer Zehenbeuger	Rückfläche der Tibia unter dem Soleusursprung	Endphalangen der 2.—5. Zehe	Beugung der Zehen, Beugung und Supination des Fußes
Flexor hallucis longus = langer Zehenbeuger	Fibula und Zwischenknochenmembran	Endphalanx der großen Zehe	Beugung der Großzehe, Beugung und Supination des Fußes

Eine genauere Beschreibung der Muskeln des *Großzehenballens* (Abductor, Flexor und Adductor hallucis brevis) sowie des *Kleinzehenballens* kann hier unterbleiben. Der *Flexor digitorum brevis* (kurzer Zehenbeuger) entspringt am Calcaneus; seine 4 Sehnen werden vom langen Zehenbeuger durchbohrt und setzen an den Mittelgliedern der 2.—5. Zehe an. Die *Interossei* verhalten sich ähnlich wie an der Hand, doch wird die Achse nicht von der 3., sondern von der 2. Zehe gebildet.

Nervus fibularis (Peronaeus).

Muskel	Ursprung	Ansatz	Wirkung
[M.] Fibularis longus = langer Wadenbeinmuskel (früher Peronaeus longus)	Köpfchen und oberes Ende der Fibula	Basis des 1. Mittelfußknochens und 1. Keilbein	Pronation und Abduktion des Vorfußes, Senkung der Fußspitze, Stützung des Fußgewölbes
Fibularis brevis	Distaler Teil der Fibula	5. Mittelfußknochen	Pronation (= Hebung des äußeren Fußrandes) und Abduktion des Vorfußes

Tibialis anterior = vorderer Schienbeinmuskel	Oberer Abschnitt der äußeren Tibiafläche und Zwischenknochenmembran	1. Keilbein- und 1. Mittelfußknochen	Hebung der Fußspitze; geringe Supinationswirkung, also Hebung des inneren Fußrandes
Extensor digitorum longus = langer Zehenstrecker	Tibia, vordere Kante der Fibula und Zwischenknochenmembran	Streckaponeurose auf dem Rücken der 2.—5. Zehe	Streckung der 2.—5. Zehe und des Fußes
Extensor hallucis longus = langer Großzehenstrecker	Mittlerer Abschnitt der Fibula und der Zwischenknochenmembran	Endphalanx der Großzehe	Streckung der Großzehe und des Fußes
Extensor hallucis brevis = kurzer Großzehenstrecker	Obere Fläche des Fersenbeinkörpers	Basis der Großzehengrundphalanx	Streckung der Großzehe
Extensor digitorum brevis = kurzer Zehenstrecker	Obere Fläche des Fersenbeinkörpers	Streckaponeurose der 2. bis 4. Zehe	Streckung der 2.—4. Zehe